紫微斗数源流探微

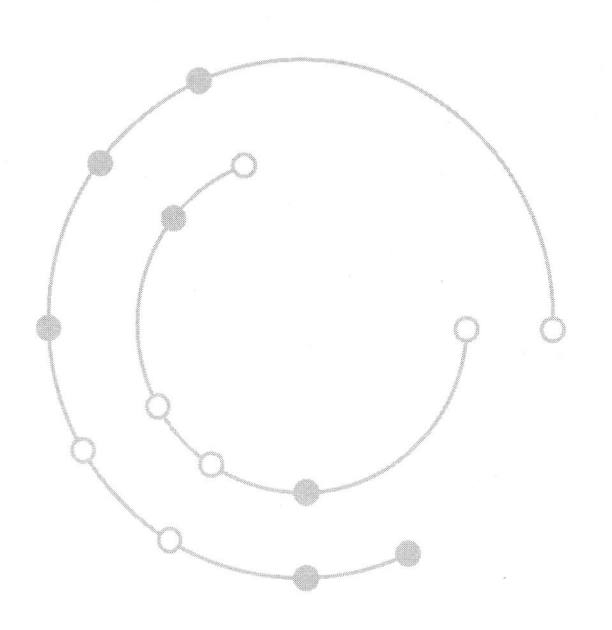

关静潇 著

华龄出版社
HUALING PRESS

图书在版编目（CIP）数据

紫微斗数源流探微 / 关静潇著 . -- 北京：华龄出版社，2024.2（2024.5 重印）

ISBN 978-7-5169-2460-0

I. ①紫… II. ①关… III. ①天文学—中国—古代 IV. ① P1-092

中国国家版本馆 CIP 数据核字（2023）第 034952 号

责任编辑	郑建军	**责任印制**	李未圻
书　　名	紫微斗数源流探微	**作　者**	关静潇
出　　版 **发　　行**	华龄出版社 HUALING PRESS		
社　　址	北京市东城区安定门外大街甲 57 号	**邮　编**	100011
发　　行	（010）58122255	**传　真**	（010）84049572
承　　印	文畅阁印刷有限公司		
版　　次	2024 年 2 月第 1 版	**印　次**	2024 年 5 月第 2 次印刷
规　　格	710mm × 1000mm	**开　本**	1/16
印　　张	17.75	**字　数**	180 千字
书　　号	ISBN 978-7-5169-2460-0		
定　　价	98.00 元		

序

术数是中国传统文化中重要且独特的一大类，包括阴阳五行、天文算学、山命相卜等诸多分支，于《四库全书》收录在子部。明清以来所谓星命术或禄命术者便属当中“命”学，即根据个体出生时间来推断其一生命运吉凶休咎，因颇具实际功用而向为士庶熟知。关于这些命理是否符合现代科学范式以及准确度如何等老生常谈议题，并不在本书讨论范围，我们只从文化史与科学史的角度来客观理性地分析其构成元素、创作思路与演变流行过程。

当今中国及世界其他华人地区盛行的命学有三种，一是西洋生辰星占学，另二则由中国子平术与紫微斗数并列“顶流”。对于前两者的历史、发展与分派等，中外天文学史以及中国哲学、术数史界已经研究的比较透彻。它们的创作思路也非常清晰，西洋生辰星占一脉由最初的古巴比伦—古希腊星占学起，到阿拉伯、印度、中世纪（古典）乃至现代占星等，都以黄道十二宫与日月五星为基本架构，以星曜所落先天 / 后天十二宫以及所成相位为主要论断依据。子平术自宋明开始流行，则是以中国独有的干支纪法来排布年月日时，通过彼此间的五行生克关系来推断吉凶。而在此之前，中国还有一最早的禄命术，即初创隋唐、流行唐宋的五星术，又称七政四余。其时佛经作为古代科技文化的重要载体，最早向中国传入了一些域外星占知识如黄道十二宫、星曜性情等（《宿曜经》）。在这种启发下，中国术士在黄道十二宫 / 日月五星的根本架构中又加入本土神煞，并以五行生克、阴阳易理配合域外星曜之庙旺陷弱和相位等共同进行论断，从而创作出一种混合中外术数的庞杂系统，最终因为过于繁琐且逐渐脱离实际星象而让位子平术。也就是说，中国禄命术的发展历史中，域外星命术—五星术—子平术这条脉络是清晰的。那么，就只剩下紫微斗数这一块空白了。

但紫微斗数的学术研究状况着实令人费解。首先，作为清末流行至今的禄命术，目前连创作者和创作年代都无人搞清。第二，坊间常有南派、北派、飞星派、中州派以及不时冒出来的什么秘传派别，不但相互矛盾，也无可靠的史料可依。第三，构成元素、起盘方式非常特殊，像十二宫、命宫身宫等概念，似乎来自域外星命术或五星术，但顺序和排法不同；所用星曜不再是日月五星而代以中国古代天文中的南北斗星名，排布方法也并非依据真实星象而另有难以琢磨的数学规则，等等。按理来说，以紫微斗数这种命学“顶流”，这些问题早该有很多人尝试解决，但在写就本书之前，只有何丙郁、梁湘润两位分属国际科学史界和命理学届的扛把子就其来源和原理做过专文或专著。但前者受限于域外星命术框架而不精中国传统术数之理哲，后者专精隋唐后的五行大义和子平术却不懂天文学史而无法建立纵向流变视角，遑论两人连派别和版本都没有搞清楚（最重要的版本在中国大陆，所以不怪他们），故所得结论不全面且流于浅表。另外，《紫微斗数全书》序言称其传出者为明嘉靖状元罗洪先，关于当中最神秘的五行局数与紫微星排布法又为明末杰出易学家邱维屏撰文解析，而彪炳中国文化史的罗振玉还亲为民国传奇命理学家王栽珊的斗数专著题字。由此可知，紫微斗数确实为内行极重视的上乘术数，只是这块骨头过于难啃而无从下手。

今年是我学习和研究术数的第十五年。起初只是想搜集梳理紫微斗数的诸多版本并分清派别，再考据创作者和创作年代，然后投两篇论文赶紧博士毕业。但我虽生性懒散，贪玩任性，对于自身专业却严苛精钻，绝不甘心暂止于此，干脆一口气把多年所学的中西星命术、佛教史、道教史、中国古代天文学和数学史全部串了起来。最终，不但完成了以上预想的首次厘清各版本并确定南北分派、考据创作者/创作年代和各版本先后顺序等常规学术任务，又以科学史拿手的数理研究方法首次分析了各派紫微斗数的创作原理（包括名称来源和天文数理规则）、首次解析了南派斗数最神秘独特的核心算法（五行局数与紫微星排布的数学原理），并以当中确凿的史料和分析推翻了何丙郁关于紫微斗数来自太乙人道命法、梁湘润关于紫微斗数来自五星术、王亭之关于南派斗数来自北派斗数的结论。更重要的是，迄今为止世界上的生辰星占术基本都以黄（赤）道与日月五星为根本框架，只有南派紫微斗数是以北极/北辰以及南北斗为核心来创作推算，而这种对于北极/北斗的特殊尊崇自夏朝甚至之前便为中国所独有并一直流传融汇在中华文明的各个方面。也就是说，紫微斗数在世界天文学史/星占学史中也将占据独一无二的重要地位，这在中国传统文化重新崛起并日益兴盛的今天，无疑是件喜事。

以前凡重要术数著作问世，背后都有些不同寻常的故事。但作为生长在新中国的学者，我自认无甚特殊处，只是多年来生活学习一直围绕佛道医命，术业有专攻而已。但回头想来，如今写成此书，似乎也确有些环环相扣的因缘。人们都喜欢听故事，不妨就此分享一二，方便大家熟悉相关学科知识。我先因幼时母亲突患重疾又侥幸治愈，于中亲睹世人病死之苦而立志学医。顺利考入北大医学部后，很快志趣便转向超越肉体生死的哲学问题。机缘巧合下，考入陕师大宗教所攻读佛教史专业硕士，师从中国首屈一指的唐密专家吕建福先生。在西安，一面接受严苛的佛教学术研究训练，一面多次赴大雁塔、大兴善寺、草堂寺等佛教祖庭学习，又随家人同学漫游华山、终南山、药王山等千古名山。因我们的师爷任继愈先生担任国家编纂《中华大典》的重任，吕老师负责佛教唐密部分的一些工作，我们便共同参与点校。正是在那些唐代佛经中，我首次见到域外星占学的内容，顿时产生浓厚兴趣，从此开始深入研究。之后被学校派往德国学习，由于懂得星占和佛教，在留学生里大受欢迎。作为回报，他们带我去各种博物馆、音乐会，又到其他城市和欧洲国家游玩，度过非常快乐的一年。回国后，恰逢佛教大盛，很多出版社都需要有佛教学术背景的编辑，遂顺利进入出版业工作。后来又赶上人工智能兴起，我因为有医学和理科背景，能够轻松看懂英文书中的相关知识，于是又脱颖而出，连续策划编辑几种现象级畅销书，迅速靠绩效实现了初步财务自由。之后便激流勇退，于京郊寻一山清水秀处租套房子，过起闲散的隐居生活。每日自然吃睡，弹琴写字，逛公园，读闲书，剩下便继续精研佛教术数。

那时复旦大学出版社出版了几种紫微斗数讲义，从此正式在中国大陆盛行。我和很多西占爱好者都敏锐察觉到两者间暗藏的联系，却难寻头绪，便趁此专心琢磨。2018年夏，我随父母去海边避暑，有天傍晚荡秋千，目睹北斗七星在眼前逐渐明亮起来，突然想到斗数之“斗”应该是指北斗，所以要从中国古代天文学中寻找答案。粗略读过卢央老师的《中国古代星占学》，发现不仅是术数，我们的很多传统文化包括哲学、医学、道教、艺术、古代工程技术等所有领域的根源都与古代天文密切相关。正因为现代人普遍缺乏很多古代习以为常的基础天文知识，诸多研究才处处受阻。由此，我便想进入古代天文学领域深造。通过查找相关文献，得知上海交大科学史系的钮卫星老师专门研究佛教天文学，与我的学术背景和研究计划完全契合。并且他和吕老师都是研究僧一行的专家，只是从天文学史和佛教史两个角度进行，我预感大概有这重缘分，便写信询问考博事宜。得到肯定答复后，便迅速准备几个月后的入学考试并顺利考取。

但我还没到上海，钮老师就突然调去中科大。我便归入数学史萨日娜老师门下，学习科学史通识课程和中国古代数学史。后来出于多种考虑，决定以比较熟悉的佛教医学作为博士课题，暂时放弃原先计划。说起来，硕士时吕老师就想让我专精佛医，倒是遂了他的愿。有天刷文献，读到天台宗《摩诃止观》中的医学思想，里边有道教《太乙金华宗旨》对它的引用，才知道道教内丹学与佛教医学的一些思想是相互借鉴并相通的。于是便专门拿出一年时间来自学道教史，由此了解到金丹派南宗这一重要内丹派别，且尤其喜欢五祖白玉蟾。除去学术研究，便在江南到处游历。春天去苏州吃杨梅，重阳去徽州喝菊花酒，冬至到西湖看星星。还因为喜欢书法，特地去湖州、宣城参观古代制笔造纸工艺。想到张伯端、白玉蟾、赵孟頫、文徵明等人也都行过这片土地，望过同样的天空，也曾诸多烦恼，也经荣辱得失，但终于在山水笔墨、天地大道中寻得自在解脱，便逐渐涤荡尘虑，心性愈发明朗清澄。

2022年春，我们因公卫事件集体被困上海，心情极苦闷。我又反复参读白玉蟾《修道真言》，每次拿起都顿觉神清气爽，浑然忘却那些艰苦，便开公众号写些白话解读，希望能帮助上海网友振奋精神，一起渡过难关。没想到刚写几篇，就五千多人关注。我立刻紧张起来，对一些重要问题仔细考据，生怕写错。在这个过程中，意外发现紫微斗数还有一种少为人知的版本，即题白玉蟾补辑的明刊本《新刻纂集紫微斗数捷览》。我买到一本寄回家中。几个月后，上海解禁，我回到北京的第一件事就是翻阅此书。惊讶地发现，清代以来所有人依据的底本即清刻《紫微斗数全书（集）》并不完整，所以才会在一些关键处无法深入研究，而《捷览》可能才是最早最完整的版本。为寻找更多线索，我到国图古籍部查阅所有紫微斗数相关著作，又发现一部《紫微斗数命理宣微》的题字非常漂亮，一看题名者，竟是罗振玉。2019年我刚到上海，恰逢吕老师在绍兴召开一场大规模学术会议，我中途跑去与同门叙旧。席间很多人都拉着我旁边的老者合影，得知是北京故宫研究院的老师，罗振玉的后人。那时便知道了这样一位术数研究泰斗，没想到几年后会在紫微斗数的书上看到。我之前曾屡次想放弃这项研究，觉得这么多年都无人取得重要成果，也许就是江湖术士随便创作的命术。但看到罗振玉的亲笔题名，确定绝非如此。加上刚发现《捷览》这一重要版本，我非常肯定地预感到，即将迎来自己追索多年的关键性突破。于是立刻搁置所有事务，闭门专注研究。此后便飞速突破一个又一个问题，直至能构成一部专著。不过当中最惊喜的还是首次发现邱维屏那篇《紫微斗数五行日局解》。因为南派斗数中最独特神秘处就在于五行局数和紫微星的排布规则，数百年来都无人对其进行完整清晰、有说服力的阐释，这篇文章非常精彩地做到了。文末同为易堂九子的彭士望评注说“吾不知其所云而心识其妙，世儒固难望其项背”，而我只花两天就完全弄懂了——它其实就是中国古代数学的逻辑和写法，我博一在数学史课学习过。顿时仰天慨叹，人生就没有白走的路，自己这些年到处播种子，看着别人都开花，就我一朵没有，谁想它们在地下暗自纠缠连结，直接拱出个超级大果子。

之后的出版工作亦出乎意料地顺利。我想起以前工作时，认识位董老师是这个领域的编辑，但八年没联系，不知道还做不做。一问，不涉及封建迷信、纯学术类的可以视内容出版。便发去几万字，迅速敲定。又想着读懂此书需要较多中西古代天文知识，不如先在网上开门通识课，把要点串讲一下，正好当作前置营销。发出课程大纲不到三天，就报名两千人，阵仗实在吓人，赶紧截止。不过托大家的福，除去初始状况有些混乱，后面讲课非常开心。这两千人从教授到厨师，从音乐老师到科研人员，从本科生到退休职工，来自中国各个省市自治区和一些海外国家，大部分都学得非常认真并能够从此掌握应用，我也颇感意外。在此过程中，我看到如此多的人无论身份年龄性别，皆同样怀揣对知识的尊重、对真理的向往以及对丰富精神世界的美好追求，深感正是因为有他们这样的人，人类文明与希望的光亮才一直延续。

从去年春节开课到今年春节专著正式出版问世，我讲了课，挣了远超预想的钱，得到了大家支持，又靠书中成果即将在学术界和命理学界占有一席之地。整整一年间，实现了名利双收。回过头看，虽然这些年也遭些挫折困苦，但都是祸福相倚，要么磨炼心性，要么为更好的机缘铺路。我自幼受父母宠溺，从未被要求好好读书，更不被逼迫结婚生子，只要健康快乐、道德无缺、能独立养活自己便已足够。本硕博三跨专业，都能去最好的学校、跟随最专业的老师。又遇到很多有意思、肯无私帮助自己的同学同事、朋友甚至陌生人。既不与人攀比，也不理舆论风向如何变迁，只追求心中向往。就这样闲淡随缘，也没耽误吃喝玩乐，也没耽误读书挣钱。不到四十岁，就达成了物质、精神、世俗成就与出世成就的平衡，成为自己最想成为的样子。并且，父母依然身心健朗，亲见我在自己选择的道路上获得了成功。至此，我的人生已没有任何遗憾。

这世上有很多种人，很多种命运，很多种生活方式，很多种成功的标准。人人都携一点灵光而来，大部分却在虚名浮利、琐碎庸碌、无止尽的欲望和负面情绪中将之消磨殆尽，且终其一生都活在他人的眼光和评价中，临死方悔恨从未有一刻做过自己。佛家讲本性真如，道家讲寻得真身，不过是让人看清自己的本来面目。诸天星曜灿烂若斯，皆因有各自的轨道与运行节奏，互相牵引却不彼此干涉，从而闪耀独特的光芒。

愿大家都能成为自己生命的主宰。

目　录

概述

紫微斗数是20世纪八九十年代盛行中国港台的一种古代推命术，后传入中国大陆及新加坡等地，直至今日已同子平术并驾成为世界华人范围内最知名与流行的两大中国禄命术。所谓禄命术，即根据个人出生时间来推算其终身命运吉凶，是中国术数中极为重要的一大类，自隋唐五星术开始成型，至明清渐渐发展到高峰，为士庶熟知并使用。关于禄命术的概念，一派学者如黄正建认为是分两类，“一类是有着若干外来因素的、与星座宫宿有关的禄命术；另一类是用中国传统的干支八卦五行来推算的禄命术。”[①] 依照这种思路，笔者在第三章将其分为两种模型，一种以实际星曜运行为基础（典型的域外星命术思维），一

① 黄正建著:《敦煌占卜文书与唐五代占卜研究》，北京：学苑出版社，2001年，第107页。

种则以机械化的数学循环为主要规则（中国本土独有的术数思维）。前者如唐宋盛行的五星术，后者则主要指子平术。因前者要依据实际天文来起盘推算，所以又称“星命术”而与后者区别。但实际上明清以来的许多著作常将子平术也称星命术，故以李零为代表的学者认为星命术可以用来统称一切依据出生时间来推算个人命运的术数。[①] 也就是说，禄命术、星命术在中国术数中常常是混用的。至于紫微斗数，由后面章节解析其创作思路，虽然是以虚拟星曜依据阴阳、五行、八卦等原则排布，但星曜名称（南北斗主星、太乙 / 天一）、排布规则（月建、北斗雌雄二神）等很多都来自隋唐、汉代甚至汉代之前的古代天文学，同时又借鉴域外星命术后天十二宫和三方四正的论法，所以算是两种模型的综合，故本书依照上下文需要采用不同名称。

虽然紫微斗数如今的地位与子平术相持，但不论是创作年代、创作者抑或起盘与推算原理都显得神秘太多，难以追索其发展脉络，以致坊间有说是皇家秘传，又有被夸

---

① 李零著：《中国方术概观 · 星命卷》，北京：人民中国出版社，1993 年，第 1 页。

大为天下第一神术云云。因江湖术士一向热衷于托高道、高僧之名来伪造各种术数，再编个小故事来神化，故笔者对此类说法一向不以真论。然而在中国国家图书馆古籍馆查阅相关资料时，找到一部民国时期传奇命理学家王栽珊[①]所著《紫微斗数命理宣微》[②]，惊讶地发现题书名者竟是大名鼎鼎的罗振玉先生[③]。罗振玉之曾祖以绍兴师爷起家，故自幼承术数家学，后又担任甲骨学、黑水城文献、敦煌文书等领域研究先驱，亦对当中大量卜算星命内容悉加整理，因此对于术数的精通程度远胜常人。既然这等身份者肯亲笔为该书题名，可见紫微斗数绝非江湖术士吹嘘神化的推命杂书，而是确有来历与重要价值。

学界对于紫微斗数的专门研究很少，但都由相关领域

---

① 王栽珊，号观云居士，北京大兴人。出生于1900年之前，20世纪三四十年代不知所踪。民国著名命理学家，多与上层来往，尤精紫微斗数，著有《紫微斗数命理宣微》《斗数观测录》等。

② 观云居士（王栽珊）撰：《紫微斗数命理宣微》（铅印本），1928年初版。题名页为罗振玉亲题“紫微斗数命理宣微，戊辰仲夏罗振玉题”，现藏于中国国家图书馆古籍部。

③ 罗振玉（1866—1940），祖籍浙江省上虞县永丰乡，出生于江苏淮安。中国近代考古学家、古文字学家、金石学家、敦煌学家、目录学家、校勘学家、农学家、教育家。“甲骨四堂”之一。

公认的大家所作。一是国际科学史学家何丙郁[①]就紫微斗数当中的域外天文（星占）元素进行探讨，并试图找出这种星命术产生的根源[②]；二是命理学泰斗梁湘润[③]从具体技法入手，将子平术与紫微斗数做各种比对来推测后者的产生年代和创作来源[④]。前者是以古代天文学以及中外文化交流史的视角深入，即典型的科学史研究方法；后者则由阴阳五行、易学神煞等中国本土特有的术数传统切入，是典型的中国命理学研究方式。这两种研究都极具指导价值，且恰好互补，为后来者打下重要坚实的根基。笔者在后面章节对紫微斗数之创作原理作深层解析时，也是沿这两条路径和思路进行的。按理来讲，既然方向和方法都已经指明，这项研究早该铺展深入开来，但似乎却就此止步。这

---

① 何丙郁（1926—2014），国际杰出自然科学史家，国际欧亚科学院院士。曾任英国剑桥大学李约瑟研究所所长，中国科学院、西北大学、北京科技大学名誉教授等。20 世纪 50 年代初开始研究中国科学史，与李约瑟合作撰写《中国科学技术史》中炼丹、火药等分册。发表论文 110 余篇，专著 20 余种，在中国天文学史、数学史、化学史及传统科技与术数研究等方面都有重要贡献。

② 何丙郁著：《何丙郁中国科技史论集》，辽宁：辽宁教育出版社，2001 年。

③ 梁湘润（1930—2013），出生于上海，后赴中国台湾发展。台湾道教学院和台湾东海大学教授，写就多部关于子平法的学术著作而闻名海内外命理学界。

④ 颐祥弘编著：《飞星紫微斗数》，文源书局，1988 年。该书为《紫微斗数考证》与《飞星紫微斗数》合订本，《紫微斗数考证》即为梁湘润所撰。

当然不意味紫微斗数没有学术价值，相反，既然仅有的一点成果都由大家所作，正说明其意义之重大。仔细思量，是有以下几处紧要难点而造成阻碍。

首先是版本问题。笔者仔细查阅目前能够搜集到的明清至民国时期以“紫微斗数”为名的几十种古籍，发现内容并不尽相同。一种书名就叫《紫微斗数》，最早见于明代万历《续道藏》①，撰者不详，所用星曜为天权、天贵、天印、天杖等十八颗主星。第二种名为《新刻纂集紫微斗数捷览》②，题宋代高道陈抟撰、白玉蟾补辑，也是明代刊刻，但是以紫微、天府、贪狼等十四颗主星推算的另一体系，与前者完全不同。同时还有一种《（新锓希夷陈先生）紫微斗数全书》，亦题陈抟撰，也是紫微、天府这一体系，但目录和内容与前者有较明显的差异。到清代随私人藏书及互通交流的频繁，加上民间书坊的不断壮大，紫微斗数相关书籍的刊刻发行也日益增多，当中大部分都是一种名为《紫微斗数全书》的版本，与明代《（新锓希夷陈先生）紫微斗数全书》基本相同，如今坊间流行的也是这个版本。

---

① 张继禹编：《中华道藏》，北京：华夏出版社，2004年，第32函第324卷。

② 冯一、吴艳明点校：《新刻纂集紫微斗数捷览》，（明）万历九年金陵书坊王氏洛川刻本，吉林：吉林人民出版社，2011年。《紫微斗数捷览（明刊孤本）》，中国香港：心一堂有限公司，2016年。

另外还有一种叫《合并十八飞星策天紫微斗数》的，初版也在明代，据笔者翻阅分析，实际上是天权、天贵十八颗主星系与紫微、天府十四颗主星系两种星命术的合并改编本。因此，在深入研究之前，要先分清各个版本，不能因为书名都叫“紫微斗数”便一概而论。何丙郁和梁湘润的研究便是分别针对以上两套星曜体系做出的，因此结论并不全面。

第二是作者和创作年代。除去《续道藏》版紫微斗数未署作者，其他版本均题宋代陈抟撰（有的加“白玉蟾增辑”），然而可查到的最早版本已晚至明代，序言也为明代状元罗洪先所作，故其真实作者和创作年代也须详细考辨。

第三是研究方法。若只依照传统的版本梳理与作者考证，那么如上所说，紫微斗数的研究仅能上溯到明代或至多到宋代便告结束。何丙郁采用的方法是比对中外各种星命术的创作年代和主要原理，通过厘清它们经文化交流而在各地区传播改造的具体过程来推断。这也是近百年来国际科学史（天文学史）主流和典型的研究思路。在这种通行范式下，中外星占学史都取得了很多成果，事实上，迄今为止很多星占学方面的重要研究都是由科学史学者推进完成的。像最早将中国古代科学技术史推介给西方的李约瑟[①]，还有前面提到的何丙郁，以及David Pingree[②]、薮内清[③]、矢野道雄[④]等。我国科学史领域专注古代天文学（包括星占学）研究者如卢央、陈久金、江晓原、石云里、钮卫星等这些年均取得重大成果，在他们的共同努力下，中国古代星占学的起源和发展脉络得以清晰和近乎完整的展现。但是就星命术的研究思路来讲，放在紫微斗数是有很大局限的，因为目前一致认为中国原本只有占测国家大事的军国占星术，而没有推算个体命运的生辰星占术[⑤]（星命术），后者要到隋唐时期随佛经传入的域外星命术的刺激下才开始产生（五星术）[⑥]，因此若将紫微斗数也当作这种

① 李约瑟（Joseph Needham，1900—1995），出生于英国。国际杰出和最有影响力的科学史学家之一，剑桥大学李约瑟研究所首任所长，美国国家科学院外籍院士，中国科学院外籍院士。其巨著《中国科学技术史》将中国古代的科学技术引介给西方世界，造成极深远的影响。

② David Pingree（1933—2005），国际知名科学史学家，美国布朗大学古典学与数学史系教授。一生精研古代美索不达米亚、中世纪的希腊与印度天文学以及当中的星占术与数学理论等，相关领域的很多学者都深受其影响。

③ 薮内清（1906—2000），日本极富盛名的科学史学家和天文学家，研究领域主要在中国古代数学史和天文学史。曾任京都大学人文科学研究所所长。1972年被美国科学史学会授予科学史学家最高荣誉萨顿奖。

④ 矢野道雄，日本京都产业大学教授，主要研究领域为星占学文化史，重要著作如《密教星占术》《星占文化交流史》等。

⑤ 江晓原著：《12宫与28宿——世界历史上的星占学》，沈阳：辽宁教育出版社，2004年。

⑥ 钮卫星著：《唐代域外天文学》，上海：上海交通大学出版社，2020年。

域外星命术传入后经由本土术数改造的成果，那么在研究时便脱离不了域外星命术黄道十二宫搭配后天十二宫和日月五星来推算的基本框架，从而将年代最早限制在隋唐时期，不能再向前追溯了。这便是何丙郁之研究只能止步在探讨其中域外星占元素的根本原因。

另一方面，梁湘润则代表中国本土命理学家典型的研究思路，即过分着重于五行生克、十二长生以及基础易学理论在实际论法中的含义。如果对中国天文学史 / 星占学史有总体了解，会非常清楚地明白星命术 / 禄命术的根源在古代天文学。若没有这些基础知识，而只以晚出的子平术相关著作为标杆来考据，那么思路和眼界便基本上只能局限在隋代《五行大义》了。这是梁湘润一类的命理学家不能深入研究紫微斗数的最主要原因。

因此，若要将紫微斗数之研究继续深入推进，首先要梳理诸多版本，归类、分派之后，再结合相关史料，就创作者与创作时代进行考据。然后以上面天文学史与中国命理研究相结合的方法，向更早期的古代天文和术数规则追溯，来从根源上阐释紫微斗数的创作原理。

第一章　紫微斗数之版本、分派与基本规则

一、版本梳理与南北派

笔者目前所查以“紫微斗数”为题之书目兹列如下。

（一）《中国古籍总目·子部》① 收有四种：

1.《紫微斗数》（6 卷），（宋）陈抟撰，（清）经国堂刻本，藏于中国国家图书馆。

2.《新刻纂集紫微斗数捷览》（4 卷），（宋）陈抟撰，（宋）白玉蟾增辑，（明）万历九年金陵书坊王洛川刻本，藏于安徽省博物馆。

3.《新锓希夷陈先生紫微斗数全书》（4 卷），（宋）陈

① 中国古籍总目编纂委员会编：《中国古籍总目·子部》，中华书局、上海古籍出版社联合出版，2010 年，第 3 卷第 1224 页。

抟撰,（明）潘希尹补,（清）经纶堂刻本，藏于国家图书馆。

4.《新刻合并十八飞星策天紫微斗数全集》（6卷），（宋）陈抟撰,（清）经国堂刻本，藏于北大图书馆。

（二）《日藏汉籍善本书录》[①] 收有一种：

《（新锓希夷陈先生）紫微斗数全书》（7卷），（宋）陈希夷撰,（明）潘希尹补。

其中说明，此版为明刊本，共两册，内阁文库藏本，原枫山官库旧藏。日本桃园天皇宝历四年（1754年）中国商船“志字号”载《紫微斗数全书》一部二册运抵日本。

（三）《续道藏》收有一种：

《紫微斗数》（3卷），未署名,（明）刻本[②]。

（四）笔者于中国国家图书馆古籍部，亲自查阅诸纸本如下：

1.《紫微斗数》（6卷），（宋）陈抟撰,（清）经国堂刻本。

2.《新刻合并十八飞星策天紫微斗数全集》（6卷），（宋）陈抟撰,（清）刻本。

① 严绍璗著：《日藏汉籍善本书录（全三册）》，北京：中华书局，2007年，第二册，子部/术数类/占候之属，第1182页。

② 张继禹编：《中华道藏》，北京：华夏出版社，2004年，第32函第324卷。注：本书之后引用此派斗数，均简称《续道藏》版或道藏版。

3.《新锓希夷陈先生紫微斗数全书》(4卷),(宋)陈抟撰,(清)经纶堂刻本。

4.《紫微斗数全书》(4卷),(宋)陈希夷撰,(民国)上海锦章图书局石印本。

5.《紫微斗数全书》(4卷),(内题《改良紫微斗数全书》),(宋)陈抟撰,(民国)上海校经山房石印本。

6.《紫微斗数全书》(4卷),(内题《改良紫微斗数全书》),(宋)陈抟撰,(民国)上海锦章图书局石印本。

7.《紫微斗数全书》(4卷),(内题《校正紫微斗数全书》),(宋)陈抟撰,(民国)上海广益书局石印本。

8.《飞星紫微斗数》(6卷),(目录页题"合并十八飞星紫微斗数"),(宋)陈抟撰,(民国)上洋江左书林刻本。

9.《紫微斗数》(3卷),未署作者名,(民国)上海商务印书馆影印本。

将以上各版进行比对,可归类为四种:

1.《续道藏》版,包括(三)和(四)第9。以下简称"道藏版斗数"。分3卷。是以紫微、天虚、天贵、天印、天杖等十八颗主星和数十种杂星神煞配合十二宫来排盘推算。

2.《紫微斗数全书》以及《(新锓希夷陈先生)紫微

斗数全书》，包括（一）第3、（二）、（四）3～7，以下简称《全书》。除（二）《日藏汉籍善本书录》所收《新锓希夷陈先生紫微斗数全书》分7卷外，都是4卷。是以紫微、天府、太阴、太阳等南北斗以及中天星曜共十四颗主星和数十种杂星神煞配合十二宫来排盘推算。经笔者比对，有明代南阳堂校梓版《紫微斗数全书》也是7卷，与4卷本目录几乎完全一样，只是结尾多了数百字内容，故推测日本所藏7卷本大概率就是南阳堂版紫微斗数，所以仍属于《全书》之同底异本。另外，明代南阳堂版可能为清末流行至今的《全书》之最早版本，原因在后面说明。

3.《新刻纂集紫微斗数捷览》，是（一）中第2种，以下简称《捷览》。分4卷，为珍贵的明代孤本，现藏于安徽省博物馆。此版虽与《全书》为同一套推算体系，但内容与目录差别较大，关于学理部分的解析更加精深，目录安排也更加合理，据笔者初步推测，《捷览》才是此派斗数最早的版本，之后详细展开论述。近年所出书籍有两种是《捷览》版，一是冯一、吴艳明点校的版本[1]，二是香港心

① 冯一、吴艳明点校：《新刻纂集紫微斗数捷览》，吉林：吉林人民出版社，2011年。

一堂版[1]。但都未在坊间大肆流行，知道的人不多。

4.《新刻合并十八飞星策天紫微斗数全集》，包括（一）第1、4，（四）第1、2、8，下称《合并》。分6卷。目录中前2卷卷名下标“飞星”两字，后4卷卷名下标“紫微”两字。细考其内容，前2卷为道藏版体系，后4卷为《全书》版体系，是吸收各自主要部分重新编辑而成。书末所附命盘分析亦为道藏版和《全书》版两种类型，因此书名中“十八飞星”显然就是道藏版的十八颗主星体系，“紫微斗数”则是指《全书》《捷览》的十四颗主星体系，故称“合并”。

总结来看，《中国古籍总目》所收为明刻《捷览》、清刻《全书》和《合并》三个版本，而未收明代所出道藏版斗数。《日藏汉籍善本书录》所收为明刻《全书》版。道教经典只收有明代《续道藏》中天印、天贵十八星体系的《紫微斗数》，而没有《全书》《捷览》紫微、天府十四颗主星的一系。国图古籍部所收版本基本为清末、民国刻本，以《全书》为主，亦有少量《合并》版和道藏版斗数，但没有《捷览》版。也就是说，《中国古籍总目》的三种版本

① （宋）陈希夷著、白玉蟾补辑：《紫微斗数捷览（明刊孤本）》，中国香港：香港心一堂有限公司，2016年。

加上《续道藏》版，即构成紫微斗数全部四种版本。

按排盘原理和推算方法，这四种可以再归为两大类，即道藏版斗数与《全书》《捷览》版斗数。因《合并》为两种体系的合并，故不再另算一类。坊间称道藏版十八颗主星系为北派斗数，与之相对，《全书》《捷览》的十四颗主星系便称为南派斗数。至于为何以南北来区分，目前未见明确解释，但其实很容易说通。南派来讲，一是因为作者陈抟和补辑者白玉蟾是宋代高道，常在南方活动，尤其白玉蟾还是道教金丹派南宗之五祖。其次，作序者罗洪先是江西吉水人，仕途不顺后隐退故土，在访道途中得到紫微斗数一书而流传开来。关于其创作原理最重要的一篇著作《紫微斗数五行日局解》之作者则是明末江西著名易学家邱维屏，再加上明代该派斗数几种版本的刊刻都在金陵、福建等地，又为南方知名藏书家收藏（后面章节细讲），可见其最早为众人知晓和流行就是在南方，所以称作南派斗数是名副其实的。另一方面，《续道藏》为明代万历年间编纂，其时已定都北京，道教的主要活动地点亦因全真道兴盛而北移，故其所收紫微斗数称作北派也便是自然而然了。为方便论述，下文有时也以南北派指代二者。

当代出版的紫微斗数著作涵盖这四种版本，但最为大众所知以及流传最广的都是以清刻《全书》为底本。如《清朝木刻陈希夷紫微斗数全集现代评注》[①]序言指出，中国台湾流行的版本为清朝同治九年羊城青云楼木刻本；梁湘润校编版说是依据《新镘希夷陈先生紫微斗数全书》[②]。中国大陆和香港地区亦是如此，如谢路军主编《增补四库未收方术汇刊》[③]所收《紫微斗数全书》等。而坊间知名的紫微斗数学者也都以《全书》为底本来阐释发挥，如王亭之[④]《紫微斗数古诀今注》《紫微斗数古学拾零》《紫微斗数讲义》《安星法及推断实例》[⑤]、梁湘润《紫微斗数考证》[⑥]、

① 了无居士评注：《清朝木刻陈希夷紫微斗数全集现代评注》，时报文化出版企业公司，1990 年。

② 梁湘润校编：《新镘希夷陈先生紫微斗数全书》，文源书局有限公司，1989 年。

③ 谢路军、郑同主编：《增补四库未收方术汇刊》，北京：九州出版社，2014 年，第 1 辑第 24 函，（宋）陈抟撰：《紫微斗数全书》。

④ 王亭之（1935—）本名谈锡永，自幼承家学研究医卜星相，大学后任香港《明报》专栏作者，以撰写一系列紫微斗数文章并将其发扬光大而闻名海外。后移居加拿大精研佛教，同时兼任中国人民大学国学院客座教授，主持中国人民大学汉藏佛学研究中心。

⑤ 王亭之著：《紫微斗数古诀今注》，中国香港：圆方出版社，2009 年。王亭之著：《紫微斗数古学拾零》，中国香港：圆方出版社，2009 年。陆斌兆著、王亭之注释：《紫微斗数讲义：星曜性质》，上海：复旦大学出版社，2013 年。王亭之著：《安星法及推断实例》，上海：复旦大学出版社，2013 年。

⑥ 颐祥弘编著：《飞星紫微斗数》，文源书局，1988 年。

周德元《命理天机：紫微斗数规则的运用与分析》[①] 等。另外几种版本，道藏版斗数如《增补道藏紫微斗数》[②]《钦定协纪辩方书》[③]；《合并》版如《十八飞星策天紫微斗数全集》[④]；《捷览》版如《新刻纂集紫微斗数捷览》[⑤]《紫微斗数捷览（明刊孤本）》[⑥]。但这三种版本都仅是影印编校而未有阐释，且印量远不如《全书》，所以在大众中无甚流行度。

综上，如今华人世界所流行的紫微斗数是南派斗数，且主要以清刻《紫微斗数全书》为底本。

---

① 周德元著：《命理天机紫微斗数规则的运用与分析》，北京：团结出版社，2013 年。

② 黄家骋编著：《增补道藏紫微斗数》，大元书局，2012 年。

③ 新文丰出版股份有限公司编辑部编辑：《钦定协纪辩方书》（影印本），新文丰出版股份有限公司，1995 年。

④ 黄家骋编校：《十八飞星策天紫微斗数全集：精钞本》（影印本），大元书局，2012 年。

⑤ 冯一、吴艳明点校：《新刻纂集紫微斗数捷览》，吉林：吉林人民出版社，2011 年。

⑥ （宋）陈希夷著、白玉蟾补辑：《紫微斗数捷览（明刊孤本）》，中国香港：香港心一堂有限公司，2016 年。

二、起盘规则及基本推算思路

（一）北派斗数

1. 起盘方法

北派斗数星盘的主要构成为十二宫与十八颗主星，再辅以杂曜神煞。十二宫按照顺序分别为一命宫、二财帛宫、三兄弟宫、四田宅宫、五男女宫、六奴仆宫、七妻妾宫、八疾厄宫、九迁移宫、十官禄宫、十一福德宫、十二相貌宫，代表盘主人生的各个面向。十八颗主星按照排布方法可以分成三个部分，分别为：①“十二宫分”：紫微、天虚、天贵、天印、天寿、天空、红鸾、天库、天贯、文昌、天福、天禄；②“四星分宫”：天杖、天异、毛头、天刃；③天姚、天刑。这些主星各有不同星情（即占星术赋予星曜的拟人化特点）和吉凶属性[①]。根据盘主的出生年月日时，将十二宫与十八颗主星按照起盘规则排布出个人星盘，便可根据书中所给出的口诀混合搭配来推算个人命

① 《续道藏》版，卷1。

运。具体排布方法如下。

（1）排十八颗主星

先画一传统的十二地支图作为基本构架（图 1–1）。域外星命术、五星术、南北派紫微斗数均以此十二宫方盘 / 圆盘为基础。其天文学原理和起源见后面章节。

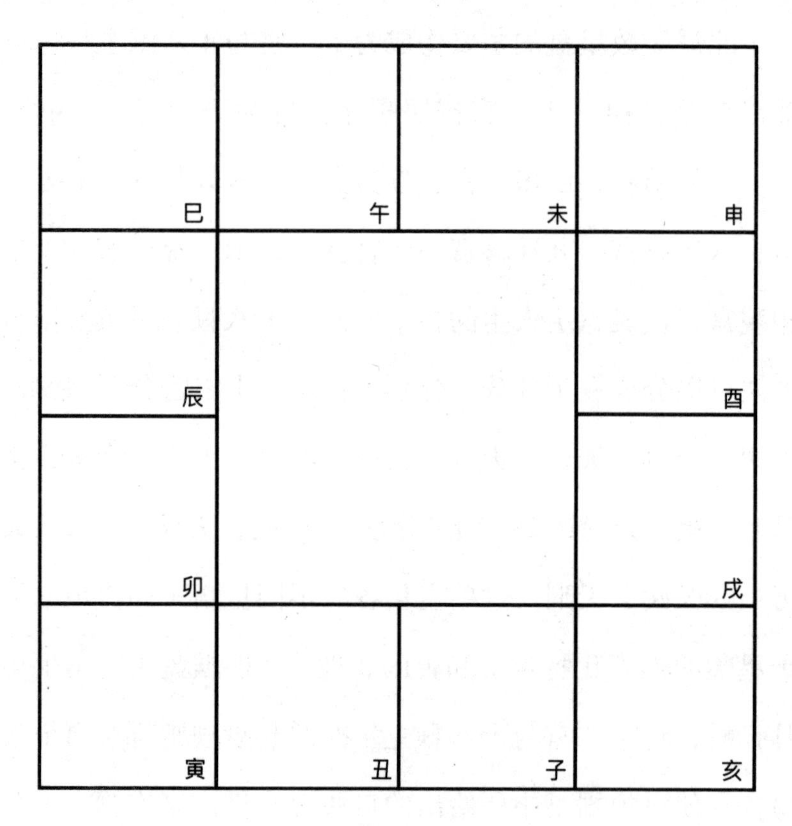

图 1–1

然后按卷一“（布）十八星于十二宫歌”排布十八颗主星：

> 子行起正逆向行，数至生月便安杖，异毛刃逆杖后随，生年合处哭星傍。杖星宫里起生时，顺数卯处安命之。单从杖上起初一，不问阴阳男女逆，两日之半行一宫，数至生日身宫住。又从未上顺数子，遇着生年便布紫。虚贵印寿逆相逐，空鸾库贯文福禄。刑酉姚丑皆顺行，数至生月是其星。群星依此各排定，祸福从头论重轻。

这种排盘歌诀在星命术古籍中很常见。大部分初学者觉得难以理解是因为没有相关基础知识，其实熟悉这种语言环境后，入门非常简单。所谓“子行起正”，就是在上面十二地支盘的“子”位安上“正月”，然后按照二月、三月依次向下数。顺数的话，是依子、丑、寅、卯的十二地支顺序，逆数则是反过来，依子、亥、戌、酉的顺序。“数至生月便安杖”，即逆数到盘主出生的月，在那一宫安天杖星。“异毛刃逆杖后随”，指从天杖所在的宫，继续逆数，每一宫依次排天异、毛头、天刃等星曜。即上面②“四星分宫”中的四颗星。“杖星宫里起生时，顺数卯处安命之”，指的是安“命宫”。即在前面天杖所在的宫，安上盘主出生的时辰，然后依十二地支顺序数到卯，卯在的宫就是命宫。“单从杖上起初一，不问阴阳男女逆，两日之半行一宫，数至生日身宫住”，这句讲如何安身宫。所谓“阴阳男女”，也是禄命术中的基本概念，是按照盘主出生年的年干来看，单数年干甲、丙、戊、庚、壬为阳，双数年干乙、丁、己、辛、癸为阴，甲年、丙年等阳年出生的男性为阳男，女性为阳女，乙年、丁年出生的男性为阴男，女性则为阴女。身宫的安法是从天杖所在的宫起初一，然后沿地支逆数，每两天半走一个宫，直到盘主出生的那一天（按阴历算）就是身宫所在。“又从未上顺数子，遇着生年便布紫”，这句继续布紫微星，是从地支盘上的“未”宫开始数“子”，依地支顺序数到盘主出生年的地支，所在宫即安紫微。紫微安好之后，下句“虚贵印寿逆相逐，空鸾库贯文福禄”即逆着地支依次在各宫排天虚、天贵、天印、天寿、天空、红鸾、天库、天贯、文昌、天福、天禄，也就是上面①“十二宫分”中的十二颗星。最后，“刑酉姚丑皆顺行，数至生月是其星”，从地支酉起正月，顺着数到盘主出生的阴历月安天刑，从地支丑起正月，顺着数到盘主出生的阴历月安天姚，即上面③的两颗星。至此，十八颗星就排布完成了。至于原理，在后面章节分析。

之后原书给出一个具体例子。为方便大家直观理解以上歌诀，具体看一下。

首先是“起紫微例”，即先安紫微星，再依序排列十二颗星：

> 凡起紫微、虚、贵、印、寿、空、鸾、库、贯、文、福、禄，并从未一起子，顺数至本人生年安紫。逆数一宫安一星。假如人命寅年生，从未一起子，顺数至酉起紫，逆布虚、贵、印，仿此。

显然，这个“起紫微例”与上面“（布）十八星于十二宫歌”的规则一致。例如盘主是寅年出生，就从地支盘的未宫起“子”，在地支盘上顺数，下一位申宫上是“丑”，再一下位酉宫上是“寅”，即盘主的出生年，所以在酉宫安紫微星。然后逆地支方向依次排布其余的十一颗星，即天虚在申宫，天贵、天印、天寿、天空、红鸾、天库、天贯、文昌、天福、天禄分别在未、午、巳、辰、卯、寅、丑、子、亥、戌宫，见图1–2。

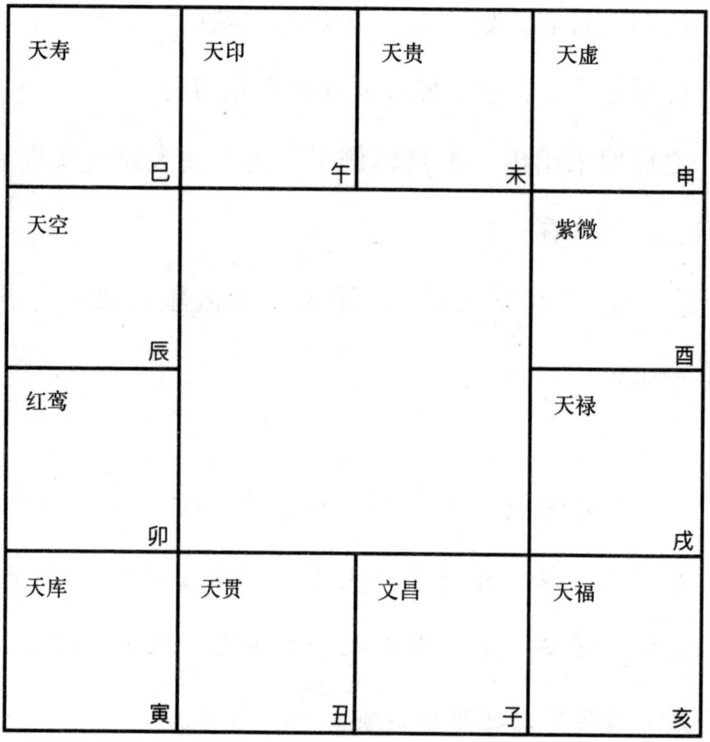

天寿 巳	天印 午	天贵 未	天虚 申
天空 辰			紫微 酉
红鸾 卯			天禄 戌
天库 寅	天贯 丑	文昌 子	天福 亥

图 1–2

接下来分别是“起天杖例”“起天刑例”“安命例”“安身例”，均与歌诀一致。“起天杖例”中假设盘主为正月出生，那么按照规则，是在地支盘的子宫直接安天杖星即可。然后再逆序安天异、毛头、天刃。再依“起天刑例”排天刑、天姚，从地支酉宫算作正月，顺数到盘主出生月安天刑，即天刑在酉宫；从地支丑同理排天姚，则天姚在丑宫。至此，十八颗星排布完毕。见图 1–3。

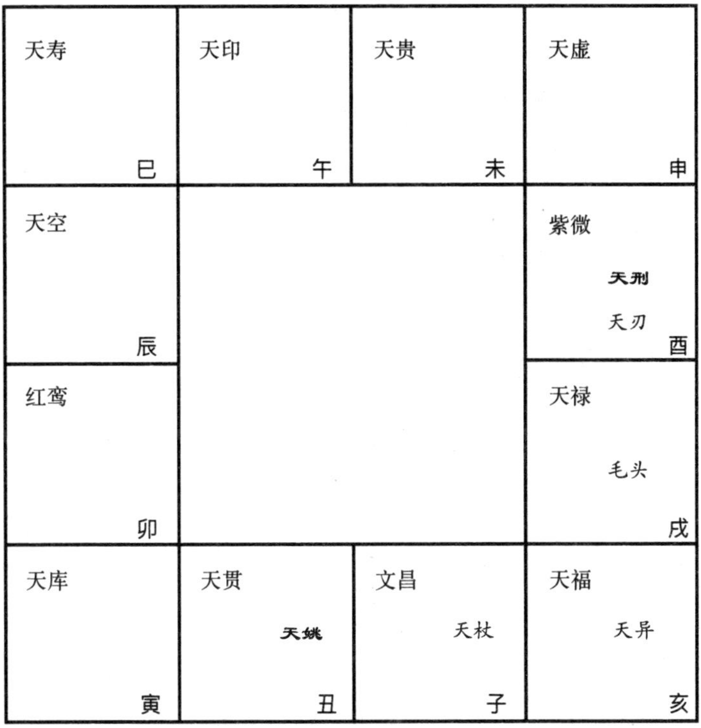

天寿 巳	天印 午	天贵 未	天虚 申
天空 辰			紫微 天刑 天刃 酉
红鸾 卯			天禄 毛头 戌
天库 寅	天贯 天姚 丑	文昌 天杖 子	天福 天异 亥

图 1-3

（2）排命宫、身宫以及十二宫

安好十八颗星曜后，再排出命宫和身宫。依照歌诀，安命宫是要先排出天杖所在宫，然后依照盘主出生的时辰顺数至“卯”即是命宫。身宫则是从天杖所在的宫起初一，按照两日半走一宫逆数，数到本人出生的日子，在那一宫安身宫即可。也就是说，天杖星一旦确定，命、身宫便得以确定。要注意的是，如果盘主是初三、十三、二十三、初八、十八、二十八等六日出生，那么“午时不过宫，未时过宫”，也就是说若盘主是初三午时及之前出生，身宫就还在这一宫，若是初三未时以后出生，身宫就要到下一宫。午时是一日的分割点，究其原因，还是两日半走一宫的缘故。至于为何是两日半走一宫，其实是来自月亮的运动，后面再讲。

还按照上面的设定，即盘主出生在寅年正月。我们再加上初三午时来补齐出生条件。即，已知天杖在子宫，出生时辰为午时，就在子宫上面起“午”，顺数到“卯”，即酉宫为命宫。而安好命宫之后，就可以按照十二宫的顺序依次排好财帛宫、兄弟宫、田宅宫、男女宫、奴仆宫、妻妾宫、疾厄宫、迁移宫、官禄宫、福德宫、相貌宫。身宫则是在天杖所在的子宫起初一，到初三午时恰好走完一宫，故身宫也在子宫。

这样，一张紫微斗数的基本命盘便排好了（图 1–4）。再依照杂曜神煞的歌诀排布完整（略），便可以查阅书中详细的批文来进行推算。

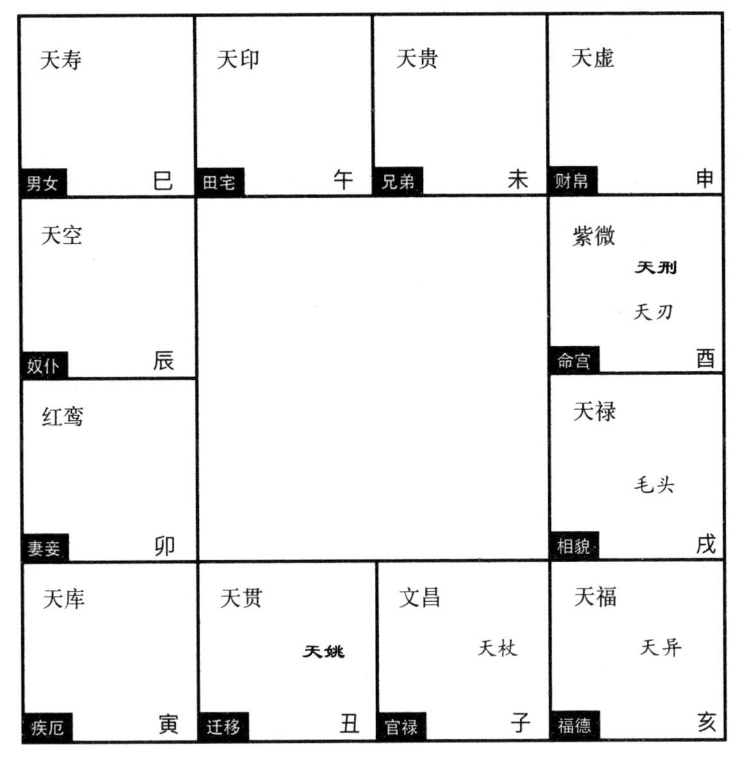

图 1-4

（3）大限、小限、大运、流年

大限、小限、大运、流年也是禄命术中的基本概念。星命术之基本命盘或者子平术之四柱，都是“命”的范畴，是动静之静、体用之体。大小限、大运流年则是动态星曜或者干支随时间推进而与静态的“命”相互作用，是动静之动、体用之用，故与“命”相对称为“运”。命学家认为人一生之吉凶变换，都蕴含在这些体用、动静之中。从这里也可以看出，不论是创造禄命术的底层逻辑还是对于命运的解读，本质上都是中国古代哲学思想的具象化体现。其中，大限指较长的一个时间段，像域外星命术中各大限的持续时间不同，有七年、九年、十年、十一年等，五星术延续了这种不等长的大限划分（如洞微百六限）。到南北派紫微斗数和子平术，大限便成为以十年为单位来划分了，也称作大运。小限则指一年，要注意的是，星命术中的小限有其特有排法，不等于流年（当年太岁所在宫），不过后来往往更重视流年而逐渐忽略小限了。推运时要先看大限状况来定一长期基调，再看小限（流年）吉凶。古籍中大限和大运、小运和小限常混用。

道藏版斗数“起大限例”：

> 阳男阴女从命宫顺数，十年行一宫。阴男阳女从申宫逆数，十年行一宫。

阴阳男女的概念前面已经解释。也就是说，年干在阳的男性和年干在阴的女性，是从命宫开始起大限，每个大限为十年，第二个十年则顺数到下一宫。而年干在阴的男性和年干在阳的女性，不论命宫在哪里，大限都是从申宫开始为人生的第一个十年，然后逆数到上一宫，为第二个大限的十年，依次类推。

“起小运例”：

> 阳男阴女从申宫逆数，一年一宫。阴男阳女从命宫[①]数，一年一宫。

小运是一年走一宫。年干在阳的男性和年干在阴的女性，是从申宫开始一年走一宫，逆数。年干在阴的男性和年干在阳的女性，则是从命宫开始，一年走一宫。

2. 推算的主要元素构成

（1）十八颗主星

紫微、天虚、天贵、天印、天寿、天空、红鸾、天库、天贯、文昌、天福、天禄；天杖、天异、毛头、天刃；天姚、天刑。

①分为九颗阳星[②]：紫微、文昌、天福、天禄、天印、天寿、天杖、天库、天姚。

九颗阴星：天贵、红鸾、天异、毛头、天虚、天贯、

---

① 原文为“从命宫身数一年一宫”，“身”字疑错打。

② 《续道藏》版，卷1。

天刑、天刃、天哭。

②分为九颗吉星：紫微、文昌、红鸾、天贵、天福、天禄、天印、天寿、天库。

九颗凶星：天刑、天异、天刃、天杖、天虚、天哭、毛头、天姚、（天贯）[①]。

③各星的五行性质：紫微（木）、文昌（木）、天福（土）、天禄（木）、天印（土）、天寿（土）、天杖（木）、天库（土）、天姚（木）；天贵（土）、红鸾（金）、天异（土）、毛头（水）、天虚（水）、天贯（土）、天刑（火）、天刃（金）、天哭（金）。

④各星均有庙、乐、旺，落此三处为吉为福（图 1–5）。

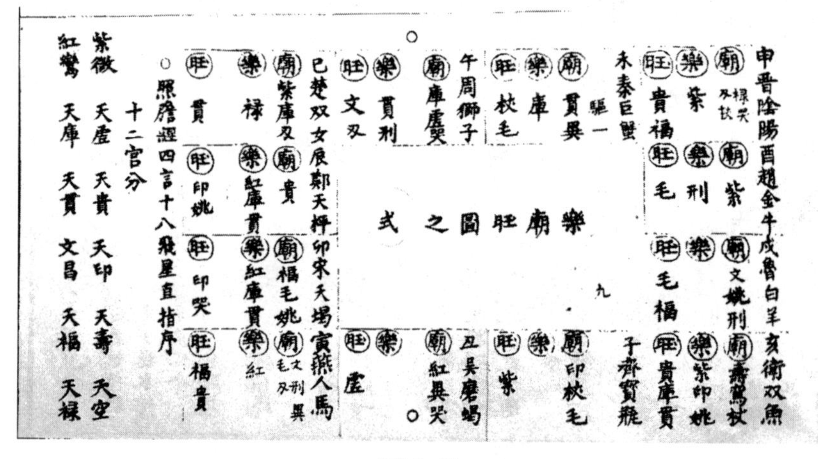

图 1–5

① 原书此处少一颗星，依照十八颗主星对照应为天贯。

⑤各星有星情。即各星曜的“性情”特点。

> 天印星又名帝符，此星主统兵阵军之象，杀伐之权……”“天寿星又名老人，尚父，……高福延寿，好善有阴德，晚年得福……[①]

（2）十二宫

一命宫、二财帛宫、三兄弟宫、四田宅宫、五男女宫、六奴仆宫、七妻妾宫、八疾厄宫、九迁移宫、十官禄宫、十一福德宫、十二相貌宫。

七强宫：命宫、田宅、妻妾、官禄四宫为“高强”宫；男女、福德为“次强”宫；财帛为“近强”宫。

五弱宫[②]：相貌、奴仆为“恶弱又陷”宫；兄弟为“半陷”又为“闲极”宫；疾厄、迁移为“次恶”宫。

四方、三合：四方又称“四正”，指某宫的对宫（照）以及与其隔三位、六位、九位的宫。比如一宫的四正宫即十宫、四宫、七宫。三合则是与该宫隔四位、八位的宫，如一宫的三合宫即五宫、九宫。

---

① 《续道藏》版，卷 2。

② 原书作“五强宫”，按照上下文应为错谬，实为“五弱宫”。

3. 推算的基本规则

①阳星在阳宫、阴星在阴宫吉，阴星在阳宫、阳星在阴宫凶。

> 阳星“在阳宫中福重而灾轻，在阴宫则福轻而灾重”，阴星“在阴宫中福重而灾轻，在阳宫则福轻而灾重”。

②吉星在强宫，或者照强宫、命身宫为吉为福。凶星在强宫，或照强宫、命身宫为祸。

> 凡吉曜加临（七强宫）为福；九吉星入庙例……但得三五位与照强宫，则主荣贵。

③吉星和凶星在庙、旺、乐地为福，凶星不在庙、旺为祸。

> 九吉星入庙例……但得三五位与照强宫，则主荣贵；凶星居庙、乐、旺，照身命主为福；不居庙旺为祸。

④ 各星与其他星组合（包括同宫和三方四正拱照），原本的吉凶受到影响。

天贵星……主贵，文章博学也，……立非常之功，超群出众，难事易成，高人见亲，小人难近……三方拱会，一世荣华，有杀见之皆退……会恶曜“毛头”、“天杖”有权……与“（天）刑”同宫巧计千般，加凶星刑“（天）刃”不善终。

⑤ 各星在十二地支宫含义不同。

天贵在申：天贵守阴阳，立志有维纲，初年未发达，晚岁见名扬；天贵在酉：贵骑金牛上，清奇古怪人，何愁衣禄浅，声誉播朝廷。

⑥ 十二宫喜忌之星不同。如财帛宫喜欢入天库星，不喜欢天哭星、天刃星等。

二财帛宫，宜天库星，库守田财作富翁，库曜早行命必丰……天哭星守破财多；天刃星守，财星佩刃富若浮云。

总之，北派斗数的推断逻辑很简单，就是依据这些主要规则，吉性因素叠加得越多，比如吉星（善星、福星）入庙、旺、乐＋在高强宫＋三方四正遇吉星等，盘主的命格便越高，反之则越低或者好坏参半（大部分的普通人）。如：

《太乙金井局阴阳玄妙论》：大抵人生须星辰得地，运用并胜可遂。更喜乐旺无刑，而吉星在高强宫，皆为福厚之人。[①]

中局贵命……身命吉曜，文昌拱照，辅印星四方或三合，福曜正守庙旺之宫……九曜又在高强之位，福星庙旺；不入局常人之命，善恶星相伴照命宫……贫贱之命，福星陷，天姚照守身命而宫，虚星对照，此至贱至贫之命。

① 《续道藏》版，卷2。

实际上，不仅是北派斗数，域外生辰星占术、五星术、南派斗数等星命术都以这种逻辑为共法。也正是如此，才使得探索它们的源流和变异发展成为可能，后面详细分析。

（二）南派斗数

1. 起盘方法

南派斗数星盘的构成同样是宫与星曜的组合，但是十二宫与十四[①]颗主星兼杂曜神煞而成。此十四颗主星与上述北派的十八颗主星完全不同，依安星诀分别为紫微、天机、太阳、武曲、天同、廉贞、天府、太阴、贪狼、巨门、天相、天梁、七杀、破军[②]。十二宫虽然也代表盘主的人生面向，但排列顺序与北派斗数不同，分别为命宫、兄弟、妻妾、子女、财帛、疾厄、迁移、奴仆、官禄、田

---

① 此处说十四颗主星，是按照《捷览》卷 2“布南北二斗诸星诀”和《全书》卷 2“安南北斗诸星诀”中提到的星曜和坊间流行的说法。《全书》也偶有说是十八颗主星，却未指明是哪十八颗，疑似混淆北派而造成的笔误，又或者是十四主星加上天干四化。

② 冯一、吴艳明点校：《新刻纂集紫微斗数捷览》，吉林：吉林人民出版社，2011 年，第 19 页“安南北斗诸星诀”。注：本书之后引用此版本内容，均简称“《捷览》”。

宅、福德、父母[①]。这种十二宫的排列顺序为南派斗数所独有，其余如北派斗数、五星术与域外生辰星占术的宫位名称和顺序则保持一致[②]，后面详细比较。

南派斗数的代表著作《捷览》《全书》虽然目录和内容不同，但排盘方法是一样的。其排盘次序与北派不同，北派是先排出星曜（天杖星），再以此为基础安命宫、身宫以及十二宫；南派则是先排出命宫、身宫与十二宫，再依照安星诀排布紫微星等诸星曜。

（1）排命宫、身宫、十二宫

“安身命诀”：

> 大抵人命俱从寅上起正月，顺数至本生月止，又自人生月起子时逆至本生时安命，顺至本生时安身。假如正月生子时就在寅宫安身命，丑时逆转丑安命，顺去卯安身，寅时逆转子安命，顺至辰安身，余宫仿此。[③]

---

① 《捷览》第 17 页“定十二宫六亲财官例”。

② 何丙郁著：《何丙郁中国科技史论集》，辽宁：辽宁教育出版社，2001 年，第 246—249 页《紫微斗数与星占学的渊源》。

③ 《捷览》第 15 页“安身命诀”。

即，还以上面的十二地支盘为基础。先在寅宫安上正月，然后依照地支顺序数到盘主出生的阴历月；在这个宫位安上子时，逆十二地支顺序数到盘主出生的时辰，所在宫就是命宫；顺十二地支顺序数到该时辰，所在宫则是身宫。

按照原文给出的例子，若有人是正月寅时生，那么从“寅”上起“子”时，逆数到“寅”时即“子”位安命宫，顺数到“辰”位安身宫。（图 1–6）

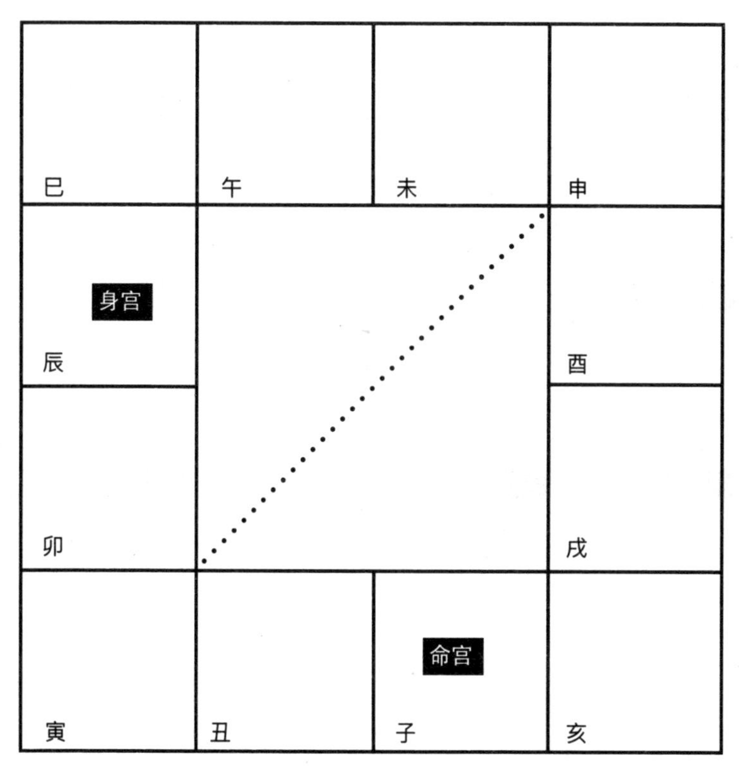

图 1–6

命宫排好，其余兄弟、妻妾（夫妻）、子女（子媳）、财帛、疾厄、迁移、奴仆、官禄、田宅、福德、父母这十一宫，逆着十二地支的顺序依次排布完毕。（图 1–7）

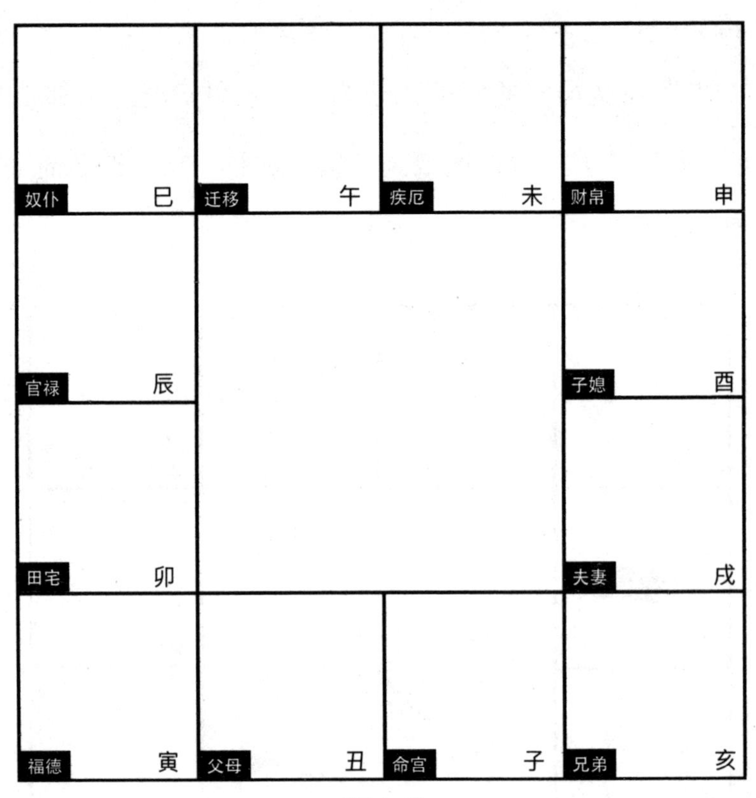

图 1–7

“定十二宫六亲财官例”[①]：

一命宫、二兄弟、三夫妻、四子媳、五财帛、六疾厄、七迁移、八奴仆、九官禄、十田宅、十一福德、十二父母。凡命不问男女，俱以命宫为主，逆行布十二宫中。假如命立子宫，则亥为兄弟宫，戌为夫妻宫。余并仿此。

（2）排十四颗主星

南派斗数的星曜在《捷览》中讲得比较清晰，分四个部分：①北斗星图。分北斗星主（紫微），正星（武曲、文曲、巨门、贪狼、禄存、廉贞、破军），助星（擎羊、左辅、右弼、陀罗）。②南斗星图。南斗星主（天府），正星（七杀、天梁、天机、天相、天同、文昌），助星（火星、天魁、天钺、铃星）。③中天诸吉星图。太阳、太阴；化禄、化权、化科；天马、天喜等。④中天诸凶星图。化忌；地空、地劫、孤辰、寡宿等。

但实际排布中，却不是依照上面这样的分类依次排

① 《捷览》第17页。

布，而是根据安星诀先排出北斗星图中的紫微、武曲、巨门、贪狼、廉贞、破军，南斗星图中的天府、七杀、天梁、天机、天相、天同，加上中天星中的太阴、太阳而构成十四颗主星。然后再根据盘主的出生年干排出中天星中的化禄、化权、化科、化忌，与十四颗主星一起构成南派斗数盘中最重要的参考元素，之后才是排布其他星曜。

其中最重要的是排北斗星主紫微星，紫微星排好之后，南斗星主天府星以及其余各星的位置便都得以确定。而紫微星的排法正是南派斗数比起其他星命术最独特和难解之处，即先要按照盘主命宫的干支纳音来找到相应的五行局，再依盘主出生的阴历日，查书中给出的各五行局中紫微星所在。这种排法《捷览》和《全书》是一致的。

先定盘主的五行局。如《捷览》卷1“定五局例”写五虎遁：

> 甲己之年丙寅首，乙庚之岁戊寅头。丙辛便向庚寅起，丁壬壬寅顺行流。惟有戊癸何方起，甲寅之上好寻求。

此五虎遁口诀是中国术数和历法中的基础知识，用来排每年每月的干支。我国历法为阴阳混合历，所谓“正月建寅”，即是将春节所在的新一年的第一个阴历月的地支定为寅，然后阴历二月为卯，阴历三月为辰，依次后排。“甲己之年丙寅首”，是说年干为甲、己的年，寅月（正月）的天干为丙，比如甲子年、己酉年的正月干支就是丙寅，下个月则为丁卯月，依次后排。按照此口诀，同理，乙年、庚年的正月从戊寅月起排；丙年、辛年从庚寅月起排；丁年、壬年从壬寅月起排；戊年、癸年从甲寅月起排。

之后举例说：

> 如乙庚生人，命立子丑二宫，自寅宫起戊寅，数至子丑宫，为戊子己丑霹雳火，是谓火六局。

依照上面五虎遁，乙年、庚年生人正月从戊寅月起排，也就是从命盘的寅宫起戊寅，然后顺数。如上例说盘主命宫立在子宫或丑宫，则从戊寅数，依次为己卯、庚辰、辛巳、壬午、癸未、甲申、乙酉、丙戌、丁亥、戊子、己丑。命宫便落在戊子或己丑，依照纳音口诀，“戊子己丑霹雳火，是谓火六局”，所以该例生人属于火六局。这种纳音口诀非常古老，是中国传统术数与历法中基本和通用的概念，指的是年干支所属纳音五行。如“甲子乙丑海中金”，就是说甲子年、乙丑年的纳音五行为金。纳音五行与干支五行是不同的，在术数中各有应用，比较复杂，不在此展开。其口诀全文为：

甲子乙丑海中金，甲午乙未沙中金；丙寅丁卯炉中火，丙申丁酉山下火；戊辰己巳大林木，戊戌己亥平地木；庚午辛未路旁土，庚子辛丑壁上土；壬申癸酉剑锋金，壬寅癸卯金箔金；甲戌乙亥山头火，甲辰乙巳覆灯火；丙子丁丑涧下水，丙午丁未天河水；戊寅己卯城头土，戊申己酉大驿土；庚辰辛巳白蜡金，庚戌辛亥钗钏金；壬午癸未杨柳木，壬子癸丑桑柘木；甲申乙酉泉中水，甲寅乙卯大溪水；丙戌丁亥屋上土，丙辰丁巳沙中土；戊子己丑霹雳火，戊午己未天上火；庚寅辛卯松柏木，庚申辛酉石榴木；壬辰癸巳长流水，壬戌癸亥大海水。

只要按上述口诀查到命宫干支所属的纳音五行，便可以确定该命盘的五行局数。书中给出五行局的五张图，分别为水二局、木三局、金四局、土五局、火六局。知道盘主所属五行局后，在对应图中找到其出生日所在的宫，便是紫微星所在。例如盘主为火六局，阴历十三日生，那么紫微星就在亥宫。（图 1–8）

火六局			
初十 二十四 二十九 巳	初二 十六 三十 午	初八 二十二 未	十四 二十八 申
初四 十八 二十三 辰			初一 二十 酉
十二 十七 二十七 卯			初七 二十六 戌
初六 十一 二十一 寅	初五 十五 二十五 丑	初九 十九 子	初三 十三 亥

图 1–8

其他五行局图如图 1–9 到图 1–12。

<table>
<tr><th colspan="4">金四局</th></tr>
<tr><td>初六
十六
十九
二十五
巳</td><td>初十
二十
二十三
二十九
午</td><td>十四
二十四
二十七
未</td><td>十八
二十八
申</td></tr>
<tr><td>初二
十二
十五
二十一
辰</td><td colspan="2" rowspan="2"></td><td>二十二
酉</td></tr>
<tr><td>初八
十一
十七
卯</td><td>二十六
戌</td></tr>
<tr><td>初四
初七
十三
寅</td><td>初三
初九
丑</td><td>初五
子</td><td>初一
三十
亥</td></tr>
</table>

图 1–9

木三局			
初四 十二 十四 巳	初七 十五 十七 午	初十 十八 二十 未	十三 二十一 二十三 申
初一 初九 十一 辰			十六 二十四 二十六 酉
初六 初八 卯			十九 二十七 二十九 戌
初三 初五 寅	初二 二十八 丑	二十五 子	二十二 三十 亥

图 1–10

土五局			
初八 二十 二十四 巳	初一 十三 二十五 二十九 午	初六 十八 三十 未	十一 二十三 申
初三 十五 十九 二十七 辰			十六 二十八 酉
初十 十四 二十二 卯			二十一 戌
初五 初九 十七 寅	初四 十二 丑	初七 子	初二 二十六 亥

图 1–11

<table>
<tr><th colspan="4">水二局</th></tr>
<tr><td>初八
初九
巳</td><td>初十
十一
午</td><td>十二
十三
未</td><td>十四
十五
申</td></tr>
<tr><td>初六
初七
三十
辰</td><td colspan="2" rowspan="2"></td><td>十六
十七
酉</td></tr>
<tr><td>初四
初五
二十八
二十九
卯</td><td>十八
十九
戌</td></tr>
<tr><td>初二
初三
二十六
二十七
寅</td><td>初一
二十四
二十五
丑</td><td>二十二
二十三
子</td><td>二十
二十一
亥</td></tr>
</table>

图 1-12

关于如何定紫微星，是南派斗数的核心奥秘之一。《捷览》《全书》都只给出五行局分属的五张图供直接查询，而未提及当中原理。每张图中间附有排布口诀，比如木三局“生遇木宫三岁游，初一骑龙初二牛。逆进两宫安二日，顺回四步一辰求。顺二二宫牛头地，逆进二步二辰俦”等，却比较难懂，至今也无人对此进行解读。笔者经反复琢磨，终于弄明白该口诀真正的排法，在后面章节详细解析。

另外，周祖勇在中国台湾集文书局《十八飞星策天紫微斗数全集》的序言中，给出了推算各五行局紫微星宫位的三个数学公式，非常简捷。王亭之在《安星法及推断实例》中给出了同样的算法。但这是现代人通过摸索当中的数学规律所得，并未触及原始的排布原理。然而非常幸运的是，笔者在搜集文献时找到一篇明清易学大家邱维屏所作《紫微斗数五行日局解》，将南派斗数五行局数之来源和排布紫微星之法，从河洛理数、阴阳五行、易学、数学的角度彻底阐释分明，精彩绝伦。因为这是南派斗数最独特、最能体现中国传统术数精髓的部分，后面单列一章集中讨论。

继续说安星法。定出紫微星所在宫，其他主星便都能以此为基础排出。

首先依照“安紫微天府诀”安天府星：

局定生日逆布紫，对宫天府顺流行。

即以寅申为对称线，紫微和天府一顺行、一逆行地对称排布。如上例紫微在亥，那么天府就在巳。再比如紫微在丑，天府就在卯。注意，紫微和天府在寅、申宫是同宫。至于为何是这种规则，后面解释。书中列有紫微、天府所有的位置图，方便查阅。（图 1–13）

紫微 天府 巳	紫微 天府 午	紫微 天府 未	天府 紫微 申
紫微 天府 辰			天府 紫微 酉
紫微 天府 卯			天府 紫微 戌
紫微 天府 寅	天府 紫微 丑	天府 紫微 子	天府 紫微 亥

图 1–13

紫微、天府作为北、南斗主的位置确定后，就可依照“布南北二斗诸星诀”来排其余的主星：

> 紫微天机星逆行，隔一阳武天同情。又隔二位廉贞位，空三便是紫微星。天府太阴顺贪狼，巨门天相与天梁。七杀空三破军位，隔宫望见天府乡。

这些主星按照两部分来排布，一是以紫微为首，一是以天府为首。以紫微起者，逆行排布，在紫微的上一宫安天机，空一宫连续在各宫排太阳、武曲、天同，再空两宫排廉贞，再空三宫回到紫微所在宫，共六颗星。以天府起者，顺行排布，天府后连续在各宫排太阴、贪狼、巨门、天相、天梁、七杀，再空三宫排破军，破军再隔一宫回到天府，共八颗星。合计十四颗星。此处注意，虽然紫微、天府各为北、南斗星主，但他们带领排布的主星并不都是各自正星，而是混排，如紫微口诀中的太阳属中天，天机、天同属南斗正星；天府口诀中的太阴属中天，贪狼、巨门、破军属北斗正星。而北、南斗中的文曲、禄存和文昌则不参与此处口诀，而另有排法。

还以上面紫微在亥为例，依此诀来排布十四颗主星。

紫微在亥，逆一宫即天机在戌，空酉宫，排太阳在申、武曲在未、天同在午，空巳、辰两宫，排廉贞在卯，再空三宫回到亥宫紫微处。天府与紫微以寅申线为界对称，紫微在亥，则天府在巳。天府顺行，太阴、贪狼、巨门、天相、天梁、七杀分别在之后的午、未、申、酉、戌、亥宫，再隔三宫排破军，再隔一宫回到天府所在宫。（图 1–14）

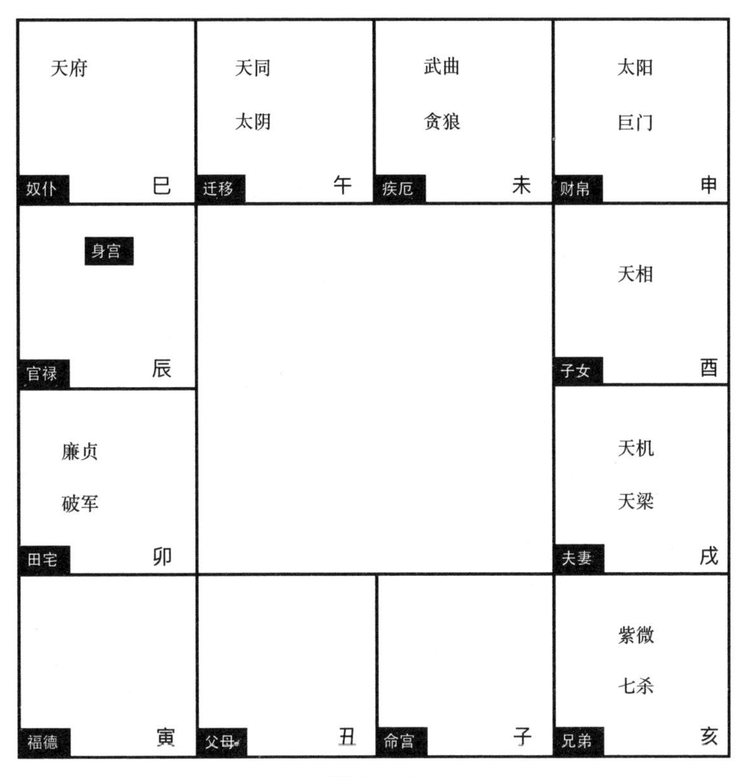

图 1–14

（3）排生年四化

然而，只排出命身宫和诸星并没有完。南派斗数重要和独特的另一点是生年四化，即根据盘主生年的天干来排布中天星中的四化——化禄、化权、化科、化忌。《捷览》卷1“安禄权科忌四化诀”：

甲廉破武阳，乙机梁微月，丙同机昌廉，丁月同机巨，戊贪月弼机，己武贪梁曲，庚日武阴同，辛门阳曲昌，壬梁紫左武，癸破门阴狼。

即甲年生人，化禄在廉贞，化权在破军，化科在武曲，化忌在太阳。依此类推。稍提一句，《捷览》与《全书》的四化在庚、壬不同，前者庚干的四化为太阳、武曲、太阴和天同，后者庚干四化为太阳、武曲、天同、天相；前者壬干四化为天梁、紫微、左辅、武曲，后者壬干四化为天梁、紫微、天府、武曲。王亭之在《安星诀与推断实例》[①] 提到中州派紫微斗数的四化又有不同，依“安四化星诀窍”为“甲廉破武阳，乙机梁紫阴，丙同机昌廉，

① 王亭之著：《安星法及推断实例》，上海：复旦大学出版社，2013年，第2页、32页。

丁阴同机巨，戊贪阴阳机，己武贪梁曲，庚阳武府同，辛巨阳曲昌，壬梁紫府武，癸破巨阴狼”，即戊、庚、壬干与《捷览》《全书》的四化各有些不同。当中原因目前难以得知，暂且搁置，以下暂以《捷览》为准。

还以上面命盘为例，盘主为乙年生人，四化为“机梁微月”，即天机化禄、天梁化权、紫微化科、太阴化忌。将此四化加在各自对应的星曜上，至此，一张基本的斗数盘便排完了。（图 1–15）

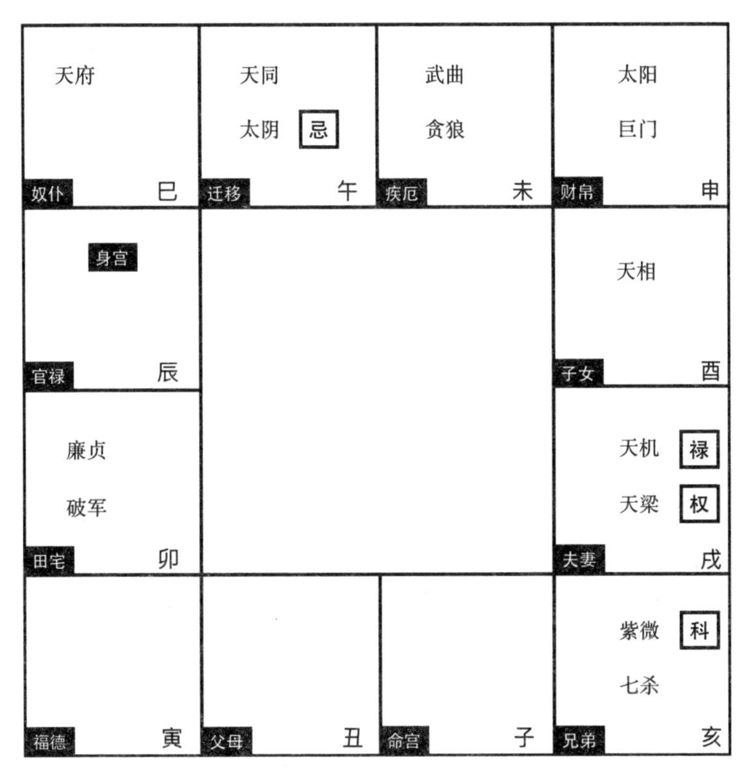

图 1–15

（4）大限（大运）、小限、流年、斗君

大限排法，依“定大限诀”[①]：

大限就从局数数，男女逆顺分阴阳。阳男阴女顺推毂，阴男阳女逆行真。

即从盘主所属五行局数起算，十年一个大限。阳男阴女顺排，阴男阳女逆排。例如盘主命宫在子，属金四局，则阳男、阴女从四岁开始起大运，命宫（子宫）掌管四岁到十三岁的大运，顺行到丑宫（父母宫）掌管十四岁到二十三岁，依次后排。阴男、阳女也是四岁开始起大运，命宫（子宫）掌管四岁到十三岁，逆行到亥宫（兄弟宫）掌管十四岁到二十三岁，依次后排。

小限排法，依“定小限诀”：

寅午戌人辰上起，申子辰人戌上推。亥卯未人丑上是，巳酉丑人未上归。以生年为主。假如寅午戌年生人，俱自辰宫起一岁，一年过宫，男顺行，女逆行。余仿此。

① 《捷览》第28页。

即按照盘主出生年的年支起算。如年支为寅、午、戌者，便从辰宫开始起小限即一岁时的运势，男性顺数、女性逆数，一年走一宫，十二年后回到原宫继续排布。

2. 推算的主要元素构成

（1）星曜

① 星曜名称和分类：《全书》与《捷览》中的十四颗主星相同，即参与上面安星诀的紫微、天机、太阳、武曲、天同、廉贞，天府、太阴、贪狼、巨门、天相、天梁、七杀、破军。但《捷览》开篇有一更严密完备的系统，是将所有星曜分为四个大块，分别为：北斗星图（包括北斗星主紫微、北斗正星、北斗助星）、南斗星图（包括南斗星主天府、南斗正星、南斗助星）、中天诸吉星图（包括太阳、太阴、化禄、化权、化科，诸杂曜等）、中天诸凶星图（包括化忌、空劫，诸杂曜等）。同样的分类系统还见于《合并》版斗数，由于集文书局这版采用的是以明版为底本的清代同治九年木刻版[①]，形式上更接近古版而非吉林出版社之现代表格，故笔者依照该本所刻原图绘制于

① 集文书局印行：《十八飞星策天紫微斗数全集》，集文书局，1999 年。

下（从右向左读）。见图 1–16 至图 1–19。

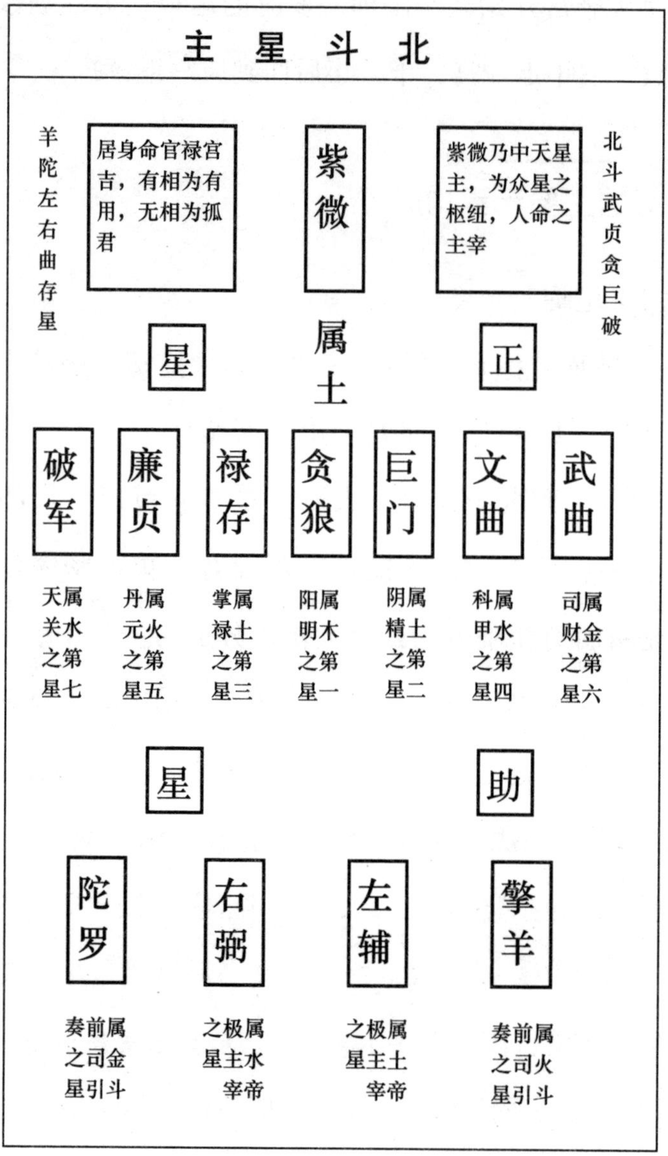

主　星　斗　北

羊陀左右曲存星

居身命官禄宫吉，有相为有用，无相为孤君

紫微

紫微乃中天星主，为众星之枢纽，人命之主宰

北斗武贞贪巨破

星　属土　正

破军　廉贞　禄存　贪狼　巨门　文曲　武曲

天属
关水
之第
星七

丹属
元火
之第
星五

掌属
禄土
之第
星三

阳属
明木
之第
星一

阴属
精土
之第
星二

科属
甲水
之第
星四

司属
财金
之第
星六

星　助

陀罗　右弼　左辅　擎羊

奏前属
之司金
星引斗

之极属
星主水
宰帝

之极属
星主土
宰帝

奏前属
之司火
星引斗

图 1–16

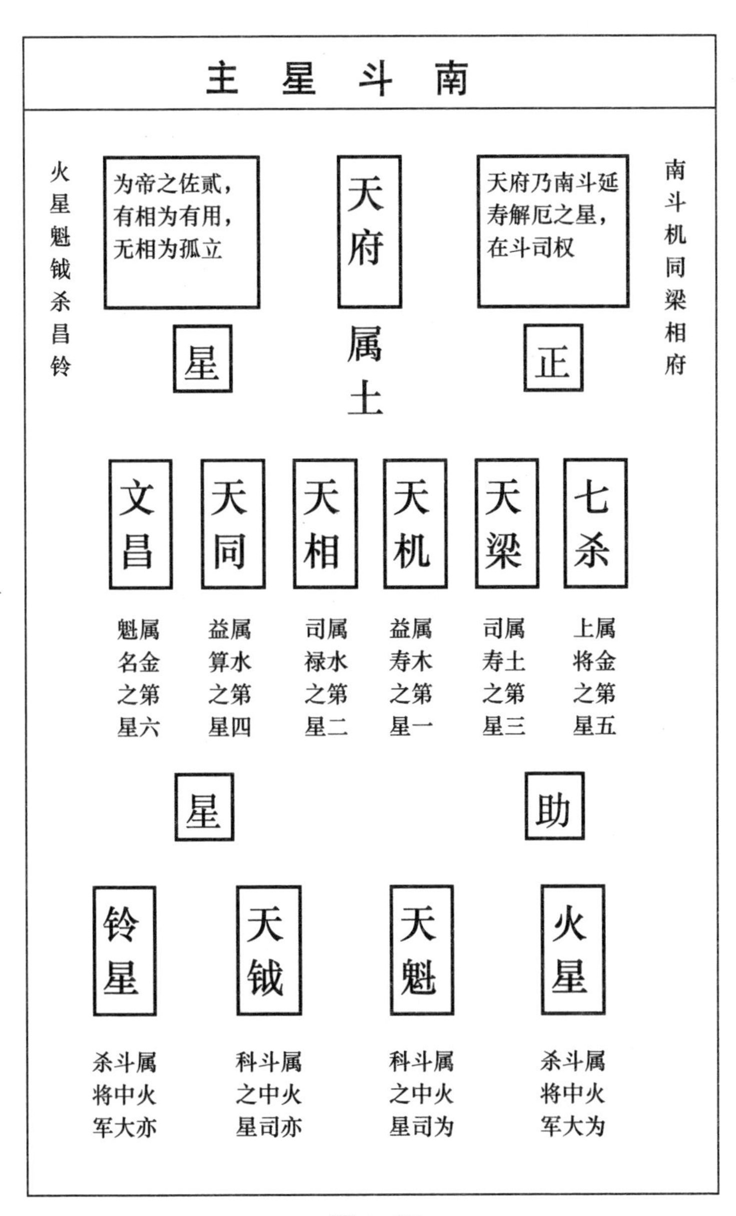
主星斗南
火星魁钺杀昌铃
为帝之佐贰，有相为有用，无相为孤立
天府
天府乃南斗延寿解厄之星，在斗司权
南斗机同梁相府
星
属土
正
文昌
天同
天相
天机
天梁
七杀
魁属名金之第星六
益属算水之第星四
司属禄水之第星二
益属寿木之第星一
司属寿土之第星三
上属将金之第星五
星
助
铃星
天钺
天魁
火星
杀斗属将中火军大亦
科斗属之中火星司亦
科斗属之中火星司为
杀斗属将中火军大为

图 1–17

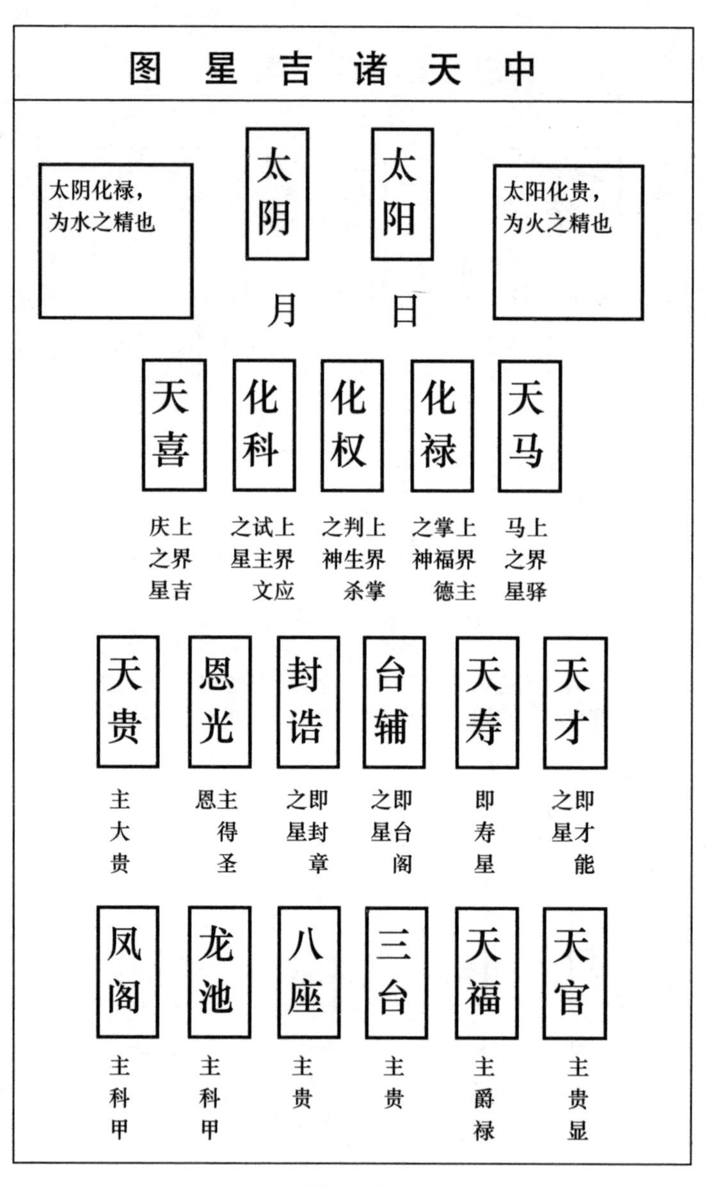
中天诸吉星图
太阴化禄，为水之精也
太阴
月
太阳
日
太阳化贵，为火之精也
天喜
上界吉庆之星
化科
上界应试主文之星
化权
上界掌判生杀之神
化禄
上界主掌福德之神
天马
上界驿马之星
天贵
主大贵
恩光
主得圣恩
封诰
即封章之星
台辅
即台阁之星
天寿
即寿星
天才
即才能之星
凤阁
主科甲
龙池
主科甲
八座
主贵
三台
主贵
天福
主爵禄
天官
主贵显

图 1-18

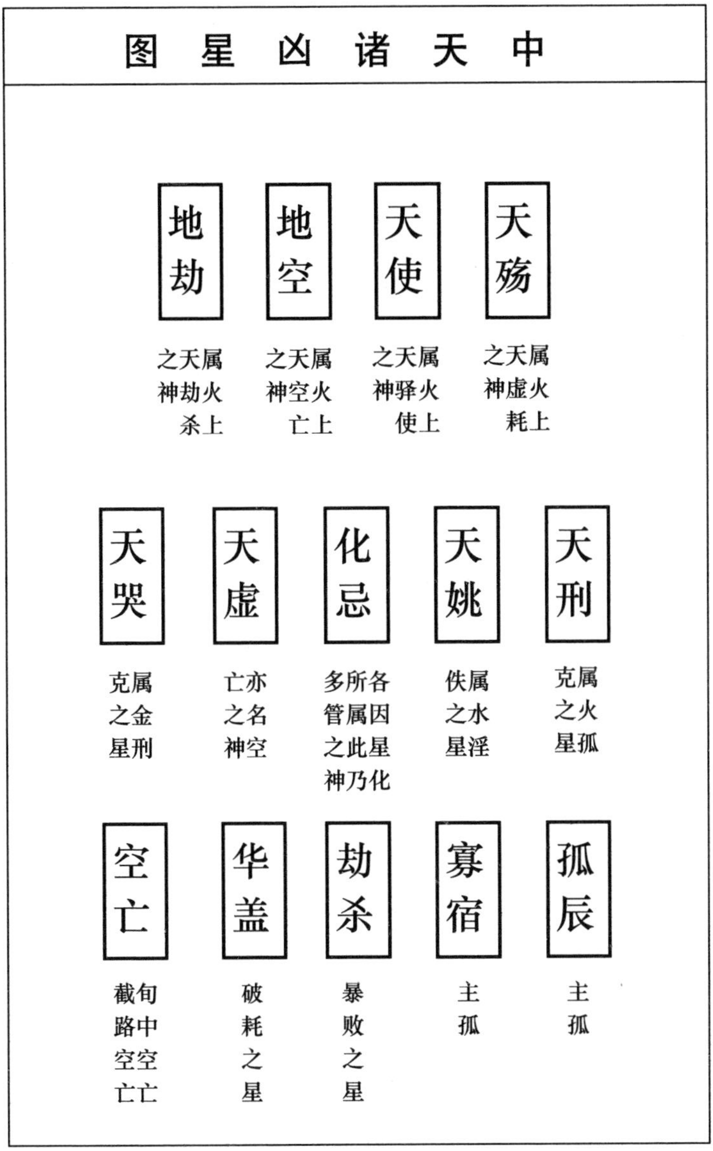

中天诸凶星图

天殇：属火上天虚耗之神

天使：属火上天驿使之神

地空：属火上天空亡之神

地劫：属火上天劫杀之神

天刑：属火孤克之星

天姚：属水淫佚之星

化忌：各因此化所属星乃多管之神

天虚：亦名空亡之神

天哭：属金刑克之星

孤辰：主孤

寡宿：主孤

劫杀：暴败之星

华盖：破耗之星

空亡：旬中空亡　截路空亡

图 1-19

此处注意，如前所说，北斗正星和南斗正星中的文曲、禄存、文昌是不在“布南北二斗诸星诀”里的，而是又加入中天的太阴、太阳而构成十四颗重要主星。不过在“北斗星主”那一栏，中央是北斗之主紫微星，旁边倒是列有参与十四颗主星安星决的武曲、廉贞、贪狼、巨门、破军这五颗北斗正星，另一边是擎羊、陀罗、左辅、右弼、文曲、禄存，其中文曲、禄存属于北斗正星，剩下四颗为北斗助星。但文曲、禄存并未参与十四颗主星之安星诀。“南斗星主”一栏依然是这个问题，不赘述。坊间流传最广为《全书》版，当中并没有《捷览》里这几张完整的图，但星曜排布规则却是按照《捷览》“北斗星主”和“南斗星主”那一栏分主曜、辅曜来化分的，而似乎并没有“正星”“助星”这种说法。另外，《捷览》将四化即化禄、化权、化科、化忌列为中天星曜，也未见《全书》提过。也就是说，《捷览》关于诸星曜分类的逻辑要严密得多，而《全书》则像是删去了这部分内容。也因此，笔者一直认为南派斗数最早的版本是《捷览》，后面还有更多证据。

至于其他杂曜的排布规则，基本上是分别参考年、月、日、时，规则很简单，有些与五星术、子平术共用。感兴趣者可参见原书，不在此处展开。

② 正星的五行属性与数序：紫微（土）、武曲（金，六）、文曲（水，四）、巨门（土、二）、贪狼（木、一）、禄存（土、三）、廉贞（火、五）、破军（水、七）；天府（土）、七杀（金、五）、天梁（土、三）、天机（水、一）、天相（水、二）、天同（水、四）、文昌（金、六）。

关于各正星对应数字在《捷览》中有，《全书》似未提及。其实就是取古代天文学中北斗七星、南斗六星之数，但也仅是取其数且保留一些传统星占含义，并不与实际星象中的南北斗各星一一对应，否则便不符合上述排布歌诀了。

③ 不论正星、助星或辅曜，均有庙（庙旺、得地）、陷（失陷）、闲三种状态。四化与之类似，分得地、无力、凶、不佳、不宜等。

如《捷览》卷 2“紫微诸星庙陷诀”：

紫微天机子午宫，太阳巨相寅申中。天府七杀辰戌利，巳亥之中忌天同。……

“辨十二宫诸星庙陷诀”：

子：子宫得地杀阴梁（得地，庙旺也）。相破贪狼紫府祥（祥，亦庙也）。陷火铃陀机左右（陷，失陷也）。闲同贞巨武文乡（闲，闲宫也）。……

即七杀、太阴、天梁在子宫庙旺，天相、破军、贪狼、紫微、天府在子宫庙旺。火星、铃星、陀罗、天机、左辅、右弼在子宫失陷。天同、廉贞、巨门、武曲、文曲在子宫为闲。

但这些诸星庙陷的口诀有不少差异处。《全书》中未收此诀，仅在卷 2 有一列表，与此有出入。关于四化，《捷览》卷 2“十二宫禄权科忌庙陷诀”与《全书》所列四化之庙陷也有些许差异。感兴趣者可仔细琢磨，此处无暇多言。

④ 各星有星情。即各星曜的“性情”特点，如《捷览》卷 4 详列诸星：

《天同星论》：天同属水，南斗第四益算保生之星。主为人谦逊，禀性温和，心慈耿直，文墨精通，有机谋……《天相星论》：天相，南斗司禄之星，化气为印，主人衣食丰足。女人主聪明端庄，志过丈夫，三方吉拱，封赠论。……《破军星论》：破军，北斗天阙之星，司夫妻子息奴仆之神。主人凶暴狡诈，性刚寡合，视六亲如寇仇，处骨肉无仁义。……

（2）十二宫

命宫、兄弟、妻妾、子女、财帛、疾厄、迁移、奴仆、官禄、田宅、福德、父母。另外，南派斗数对于身宫的重视几乎与命宫等同，排法见前。

至于宫的强弱吉凶，并不像北派斗数、五星术和域外星命术明确强调七强宫与五弱宫，而是看该宫所落星曜的性质来判断。

三方、四正。即前面说的四方、三合，略。

3. 推算的基本规则

南派斗数的基本推算规则与北派斗数和五星术差不多，无非还是首先看身、命宫的吉凶来断层次（身、命宫星曜入庙、三方四正吉星多，则格局高，反之则低）。然后分论各宫，也是吉性因素叠加越多越好，反之越差。《捷览》中写得非常清楚：

《上等格局论》：夫上格者，内有贵星入庙，不入庙加吉，主极品富贵。如羊陀等杀化忌，虽为不美，亦作财官论。……

《中等格局论》：夫中格者，吉星化忌，不犯羊陀等杀，作平常之论。……

《下等格局论》：夫下局者，星辰失陷化忌，又犯羊陀等杀，方以下贱论之。……

并且，各星曜在各宫的性质也有差异，以及与其他星曜相逢也会产生不同特点。如：

① 各星曜在庙、陷、闲地不仅吉凶不同，性质也有差别。

九吉星入庙例……但得三五位与照强宫，则主荣贵；凶星居庙、乐、旺，照身命主为福；不居庙旺为祸。

② 各星与其他星组合（包括同宫和三方四正拱照），原本的吉凶受到影响。

《陀罗星论》：陀罗，北斗之助星，心行不正，暗泪长流，性刚威猛……与贪狼同度，因酒色以成痨……陀罗命内坐中存，更喜人逢四墓生，再得紫微昌府会，财禄丰盈远播名。

《斗数骨髓赋注解》：日月同临，官居侯伯。巨机同宫，公卿之位。天魁天钺，盖世文昌。

③ 各星曜入不同宫各有特点和喜忌。

《天梁星论》：天梁……在父母宫，则厚重威严。会太阳于福德（宫），极品之贵，戊己身人合格。《巨门星论》：在身命，一生有唇舌之非；在兄弟，骨肉参商；在夫妻，生离死别……

《辨诸星十二宫庙陷诀》：天机属木化善星，宜兄弟宫。太阳属火化贵星，主贵，宜官禄宫。武曲属金化权星，主富，宜财帛宫。……

此外，还有诸多关于特定组合的口诀，甚琐碎，不表。但非常重要的一点是，《捷览》比《全书》多了一些以纳音和五行生克推断的内容，如《捷览》中“看命捷法”：

“看命先看本命纳音属何星，如甲子乙丑海中金，即以金星为主，乃看武曲属金在何宫分，以辨祸福。余仿此。”这些内容或涉及南派斗数的核心奥秘，因为紫微星的排布原理也是依照阴阳五行以及数理来推算（见后文）。这是笔者认为《捷览》先出于《全书》的又一证据。

总之，比起北派斗数、五星术以及域外星命术，南派斗数的排盘方法有很多独特之处，比如十二宫的顺序与其他星命术都不同、弱化了十二宫的七强五弱特质、创造出年干四化等。再如所用五行局数为“水二、火六、木三、金四、土五”，与传统河图的“水一、火二、木三、金四、土五”不同，而这种五行局数则直接决定最重要的紫微星的位置，然后才能排布出其他主星。这当中显然蕴含一些神秘精致的数学原理，在第五章专门阐释。

第二章　紫微斗数之创作与流行

一、北派斗数

（一）创作时间与版本

北派斗数全本首见于万历《续道藏》，题名《紫微斗数》，共三卷。但未署作者和创作年代，文中也没有只言片语提及来源。《续道藏》刊成于万历三十五年（1607 年），故其至迟出于该年。前面提到，《中国古籍总目 · 子部》收有清代经国堂的两种刻本，一是《紫微斗数》（6 卷），二是《新刻合并十八飞星策天紫微斗数全集》（6 卷）。经笔者查阅原书，两者为同一版，即北派斗数和南派斗数的合并本，并在目录前两卷注“飞星”两字即北派斗数，后四卷注“紫微”即南派斗数。考前两卷详细目录和内容，与道藏版斗数基本一致。

又查到清乾隆六十年鲍氏刻知不足斋丛书中，收有明代陈第所撰《世善堂藏书目录》，卷下列有书名“陈希夷撰《紫微斗数全书》（6 卷）”，虽未能查阅原本，但按卷数看，很有可能就是《中国古籍总目》所收的合并版斗数。陈第（1541—1617）是明代著名藏书家，今福建连江人，说其“性无它嗜，唯书是癖。自少至老，足迹遍天下，遇书辄买，亦不择其善本……积至多年，遂有书数万卷”，于万历四十四年（1616 年）编成《世善堂藏书目录》两卷。按照成书年代，《续道藏》（1607 年）早于《世善堂藏书目录》（1616 年），故其所收 6 卷本《紫微斗数全书》为合并本依时间线看也是说得通的。另外，王亭之撰有一篇《从十八飞星到紫微斗数》，提到“十八飞星”有两系，一系是元代抄本，一系是明代福建本《合并十八飞星策天紫微斗数》。而陈第恰是福建人，综合以上，有极大可能世善堂所收紫微斗数就是王亭之说的明代福建版。这就将《合并》本斗数的首次刊刻年代提前到了明代。也就是说，紫微斗数的所有版本包括南派《捷览》《全书》、北派道藏版以及南北派的合并版，在明代就已经全部成型。至于王亭之所说道藏版斗数的前身即十八飞星的元代抄本，因笔者未查到任何相关资料，暂不作为年代上的依据。

（二）流行：十八飞星与飞星派斗数

常有人问笔者是否知道紫微斗数当中的飞星派，又有说那是斗数正宗、内含不传之秘法，等等。因笔者硕博受严格的学术训练，见过太多伪造、托名的术数著作，自然不轻易相信江湖说法，但也不敢妄下结论。直到梳理所有紫微斗数的版本，才确定飞星就是道藏版斗数，即以十八颗主星来论命，与如今坊间流行的南派斗数压根不是一回事。又看到王亭之在《从十八飞星到紫微斗数》中说，这是现代“台湾研究斗数的人，喜欢巧立名目，所以硬将合并二字删去，弄出‘十八飞星紫微斗数’甚或‘十八飞星策天紫微斗数’的名目来，有混乱历史的危险，而一经混乱，斗数的来源就会容易被抹煞”，这才明白为何坊间有此说法。但之后王亭之以南北派主星之星情的相似处，推断南派斗数是从十八飞星发展而来，如天印发展为天相、天寿发展为天梁等，笔者是不同意的。因为南派紫微斗数中紫微、天府等南北星曜名和各自特点在隋代甚至之前便已成型，而创作原理则可以上溯到汉代天文学，与十八飞星并不存在明显的演化关系和直接联系，应该不属于同一体系。后面展开细说。

另外，大概 20 世纪 80 年代起，坊间还开始流行一种自称“飞星派”的紫微斗数，但不是以上的十八飞星北派斗数系统，而是依然以南派斗数为框架，然后在盘主生年天干四化（化禄、化权、化科、化忌）的基础上，将其他十一宫的宫干都各自布一套四化出来，然后在全盘飞来飞去，眼花缭乱。据作者说这种方法是秘传，所以不见其他古籍。其实如果懂得西洋生辰占星术，一下就能看明白这是取星盘各宫的宫主星并飞入到别宫来做推算的基本方法，也为七政四余所吸收。显然，此“飞星派”将各宫宫干都布出四化飞入其他宫，就是这种取宫主星的老路子。但凡懂得一些中西星命术发展史，便都明白怎么回事，所以不做过多评价。但近些年有人甚至将南派斗数降级为“三合派”，与这种所谓的“飞星派”并驾齐驱，给紫微斗数的源流发展造成更多混淆，就有点说不过去了。而且，三合作为星命术的基本法则，在域外星命术、五星术、斗数甚至子平术中都有重要地位，怎么会拿它当一种派别的名字呢？不过，要说北派斗数的“十八飞星”系统与南派斗数的“十四主星”系统并列，倒是确有道理。由此可见，还是要大致了解中西星占学发展史并弄清一些基本概念和推算法则，从而避免不必要的含混。

至于道藏版斗数的流行状况，能够找到的直接资料不多，但可以参考其他古籍间接提到“紫微斗数”之处以作辅证。如清代俞樾在《湖楼笔谈》第7卷说到“紫微斗数称太公望寿一百六十，此固不足据”，林春溥[①]、叶奕苞[②]、陆廷灿[③]也都在著作中提到这一句。到民国时期，就出现有人靠紫微斗数而名声大噪的实际记录了，如俞庆澜修、张灿奎纂《民国宿松县志》卷54说“石盘山通紫微斗数，光绪癸巳甲午间，客安庆，决科名得失，无不验，名声大噪”；亦有报纸载当时的名伶奚啸伯非常信赖紫微斗数，还有小说《梨园外史》[④]也提到“我们这万老师精通紫微斗数，命理极深”。只是不知道这些指的是哪种斗数。

① （清）林春溥撰：《古史纪年》卷11，“紫微斗数谓太公望寿一百六十过矣。”

② （清）叶奕苞撰：《金石录补》续跋卷5，“又有紫微斗数谓太公望寿一百六十岁者尤诞妄。”

③ （清）陆廷灿撰：《南村随笔》卷1，《召公太公》条目“召公……寿一百九十余岁见风俗通，太公望寿一百六十见紫微斗数。”

④ （民国）潘镜芙、陈墨香著：《梨园外史》，北京：中国戏剧出版社，2015年。

明末清初小说《醒世姻缘传》[①] 则为北派斗数的流行提供了清晰的证据。第 61 章说邓蒲风给狄希陈算命："邓蒲风铺了纸，从申上定了库贯文福禄紫虚贵印寿空红；又从子午卯酉上定了杖异毛刃，本生月上安了刑姚哭三星。壬属阳，身宫从杖上逆起，初一安在巳上；命宫从杖上起，本生时顺数至卯时安于辰宫；然后把这财帛、兄弟、田宅、男女、奴仆、妻妾、疾厄、迁移、官禄、福德、相貌都照宫安得停当；又定了大限、小限"，就完全是依照上一章所举道藏版斗数的排盘方法。这说明在那个时期，北派斗数已然流入民间并得到术士的应用。但之后却未见有什么流行的记录，直到清末民国紫微斗数开始盛行，便直接是南派斗数的天下了。至于北派没落乃至消失的原因，笔者推测，一是当中杂糅的元素过多，二是推断逻辑上如王亭之所说过于简单，三是子平术和南派斗数作为推理清晰、体系完备的禄命术已经成型并获得广泛坚固的群众基础，所以五星术、北派斗数这些本土改造不算成功的星命术退出历史舞台成为必然。

---

① （清）西周生辑著，袁世硕、邹宗良校注：《醒世姻缘传》，北京：人民文学出版社，2020 年。

二、南派斗数

（一）创作者：陈抟、白玉蟾与罗洪先

由上一章版本梳理，知道南派斗数有两个主要版本即《捷览》《全书》，另外还有《合并》中的第 3 ~ 6 卷。《捷览》题“大宋华山希夷陈先生精著、逸士玉蟾白先生增辑、十八代孙了然陈道校正、后学扩泉谭贡编次、金陵书坊王氏洛川刊行”。《全书》（明代南阳堂版）题“陈希夷先生著、江西负鼎子潘希尹补辑、闽关西后裔杨一宇忝阅、书林葆和堂（兼）梓行”，清代之后的版本用各自书局名取代“葆和堂”而保留前面人名。《合并十八飞星策天紫微斗数全集》（文源书局）第 3 ~ 6 卷题“大宋华山希夷陈图南著，隐逸玉蟾白先生增，十八代孙了然陈道校，金陵益轩唐谦校”。可见南派斗数对于陈希夷著、白玉蟾增辑、陈抟之十八代孙陈道校正，是达成共识的。《捷览》《全

书》卷首均附罗洪先[1]序，讲述得书经过[2]：

尝闻命之理微，鲜有知之真而顺受之者。余窃谓功名富贵，有命存焉，遂捐厥职，访道学者以为之宗。行抵华山下，询知宋希夷公曾得道于兹矣。因陟其巅，谒其祠。将返，见一缁冠蓝袍者，年虽弱冠，实有老成持重态，遂进礼焉。出书示余。余问其人，则曰希夷公十八世孙也；问其书，则曰希夷公所著《紫微斗数集也》。

始观其排列星辰，犹不省其所以。既读其论，论则有理道。玩其断，断则有神验。即以贱降试之，果毫发不爽。于是喟然叹曰：造化至玄也，而卒阐明之若对鉴焉，非心涵造化者能之乎？星辰至远也，而卒指示之若运掌焉，非胸藏星斗者能之乎？天位乎上，地位乎下，而人则藐焉于中者。先生则以天合之人，人合之天，即星辰之变化，而知人命之休咎，是非学贯天人而一之者，又孰能之乎？猗欤休哉！先生真高人

① 罗洪先（1504—1564），字达夫，号念庵，江西吉水人。明代状元，后辞官隐居专攻学问，著有《念庵集》22卷，《冬游记》1卷。

② 《捷览》《全书》之罗序有些许差异，因目前流行本多附《全书》序，故下文用《捷览》序以示众。

也！神人也！不然，胡为乎而有是高志？又胡为乎而有是神数也耶？子盍持之遍示天下，俾世之人知有命而顺受之，可也。胡乃祖作之而子秘之，则继述之道安在哉？

请志余言，以弁是书之首。时陈子去希夷公一十八代，讳道，别号了然，年方二十有六。

时嘉靖庚戌春三月既望之吉
赐进士及第 吉水念庵罗洪先撰序毕

与很多古代术数著作托名高道祖师或神仙不同，这位罗洪先确是历史上的真实人物，为嘉靖八年（1529年）状元，因联名上《东宫朝贺疏》冒犯明世宗而被撤职，从此离开官场转作学者。《明史·罗洪先传》[①]载“洪先归，益寻求守仁学。甘淡泊，炼寒暑，跃马挽强，考图观史，自天文、地志、礼乐、典章、河渠、边塞、战阵攻守，下逮阴阳、算数，靡不精究，”说他回乡后，深入学习王阳明学，并对于天文地理、阴阳算数等无不精深钻研。尽管已不在官位，却依然以百姓为忧，“至人才、吏事、国计、民

① 司马迁等著、顾颉刚等点校：《点校本二十四史》，北京：中华书局，2019年，《明史》卷283《列传》第171《儒林二》。

情，悉加意谘访”，表示“苟当其任，皆吾事也”。有一年饥荒，“移书郡邑，得粟数十石，率友人躬振给”；又遇到“流寇入吉安”，上面惊慌失措，罗洪先则为其“画策战守”，将流寇击败。他还曾向道士方与时学习，细揣《阴符经》《参同契》等道教经典，甚至在晚年闭关三年[①]；同时与明代禅师楚石和尚友谊甚深，曾作《醒世诗偈》（《罗状元醒世歌》）传世，文辞潇洒旷达，读来神清气朗。如此，一位兼具状元之文才与工程作战之武略，又精通佛道术数，于百姓罹难挺身而出、忧患解除即功成身退，淡漠名利、心向宇宙的完美知识分子形象跃然纸上。另外，罗洪先还精通地图学，经十多年编绘《广舆图》两卷（1541年），对之后明清舆图的编绘工作影响深远，在国际科学史界也有一席之地，被称为与墨卡托同时代的东方最伟大的地图学家。笔者曾想去其故居参访，得知年久失修，甚是颓败，难过之余只得暂时作罢。

罗洪先这篇序言虽然不长，却无一字多余，将得书经过和斗数奥妙讲得清楚分明。为方便大家对南派斗数建立

① 黄晓俊主编：《全国纪念罗汝芳诞辰500周年学术研讨会论文集》，江西：江西高校出版社，2015年，第419—428页，赖功欧著：《罗洪先的学术历程及思想特征》。

正确观念，花一点篇幅通讲如下。

我曾听说命学之理奥妙精微，极少有人能掌握其真义精髓然后顺而受之。我个人觉得，所谓功名富贵，确有其命，并认为命理之根源在于道学，遂辞官访道。游至华山下，得知宋代高道陈希夷得道于此，便爬山至其祠堂。正要返回，遇到一蓝袍黑帽者，虽然年纪只有二十来岁，却颇老成持重，遂向其行礼。之后，他拿出一部书给我看。问他是何人，则说是陈希夷的第十八代孙，而这部书便是陈希夷所著《紫微斗数集》。

刚开始读当中星曜排布之法，不知道什么意思。再读其论，发现颇有理致；再试着推算一下，竟有神验。随后用自己的生辰算了算，果然毫发不爽。于是喟然长叹：造化至玄至妙，而能将之阐明如照镜一般，若非心涵宇宙者怎能如此？星辰至遥至远，而能像在手掌运算那样对其了知，不是胸藏星斗者何能如此？天在上，地在下，人在中。陈希夷先生以天合人，人合天，所以由星辰之变化即知人命之吉凶，若非学贯天、人者，怎能到此地步？陈先生当真是高人、神人，否则怎能有此达天之高志，又如何能创此神数？你（指陈道）何不将其示之天下，让世人都知道有天命而顺受之？如果你的先人著成此书却一直为你所隐藏，何谈继承其道呢？

于是，请他将我的这些话放在书首以作序。此时，陈道距陈希夷先生已十八代，别号了然，年二十六岁。

这里面有几处重要信息。首先是得书经过，说罗洪先到华山访道时遇到一位自称陈希夷十八世孙的了然道士（陈道），示之以陈希夷所著《紫微斗数集》，罗翻阅后觉得“读其论，论则有道理；玩其断，断则有神验”，故刊行传世。即该书由陈希夷创作，然后一直在道教内秘传直至了然道士。由此可以得知，虽然南派斗数未收入道藏，但确属道教著作。其次，罗洪先说初读星曜排布时“不省其所以”，前面说过罗本人是精通天文算术阴阳之学的，可见南派斗数非常独特，对于罗来说也是首次见到，而非坊间所传的来自唐宋五星术。并且，他感叹“胡为乎而有是神数”，更是强调了斗数之核心在于“数”，而不是之前流行的以实际星曜运行为基础的域外星命术框架。关于这点我们会在下章展开分析。

有人曾疑罗洪先为南派斗数的实际创始人，只是伪托陈抟之名。在笔者看，这种怀疑并不成立。首先，序尾题“嘉靖庚戌春三月既望之吉，赐进士及第吉水罗洪先撰”，嘉靖庚戌是1550年，罗辞官转作学者是在1539年，去世是在1564年，而南派斗数目前所见的最早版本即《新刻纂集紫微斗数捷览》刊行时间为万历九年（1581年），由罗之生平和刊刻时间的连续性看，这篇序言为其所作的真实性是没问题的。另外，他在序中说自己“始观其排列星辰，犹不省其所以”，又赞陈抟“非学贯天人而一之者……胡为乎而有是神数也耶”，则是明确表明自己不懂紫微斗数的原理，只有陈抟这样学贯天人者才能创造出来。由罗洪先之经历可以充分推断，这是一位非常严谨、务实、不会故弄玄虚的科班文人，作为当时很有名气的术数学家和学者，又有状元身份的加持，实在没有必要懂而装不懂，甚至还编出个十八世孙来，将创作的功劳归于陈抟。所以，这篇序言大概率为真。

至于南派斗数是否真为陈抟所创，就很难说清了。首先，陈抟对于象数易学及阴阳五行的高深造诣毋庸置疑，詹石窗[①]、孔又专[②]、林文钦[③]等学者做过专门研究。这一脉所传是有明确记载的，即“陈抟以《先天图》传种放，放传穆修，修传李之才，之才传邵雍；放以《河图》《洛书》传李溉，溉传许坚，许坚传范谔昌，谔昌传刘牧；穆修以《太极图》传周敦颐，敦颐传程颢、程颐”[④]。不过当中并没有紫微斗数相关的内容，所以很难找到直接证据来支持陈抟原著说。然而据张广保《陈抟师承、著述考辨》[⑤]，陈抟的师承比较复杂，其中便有传说中的江湖术数家麻衣道者，而陈抟的很多著作“在宋代未终之前就散佚难觅”且“不见于宋代各种目录书的著录”，所以据罗洪先序言，紫微斗数由陈抟所创然后在华山秘传也不无可能。如上章介绍，南派斗数的主要框架是以诸星曜配合十二宫来做论断，从表象看似与易学关系不大，但细究起盘原理尤其是

① 孔又专、詹石窗：《陈抟创绘“先天太极图”考辨》，《前沿》2010年第2期，第34—37页。

② 孔又专：《论陈抟易学思想的影响》，《四川大学学报（哲学社会科学版）》2008年第6期，第105—110页。

③ 林文钦：《陈抟的先天〈易〉学思想探析》，《湖南大学学报（社会科学版）》2016年第3期，第30—39页。

④ （元）脱脱、阿鲁图等修撰：《宋史》，北京：中华书局，1985年，卷435《朱震传》，第1290页。

⑤ 张广保：《陈抟师承、著述考辨》，《中国本土宗教研究》2020年，第127—139页。

五行局数和紫微星之排布，实则来自阴阳五行、河洛理数及易学八卦与象数（第五章细说），所以从理论上讲也是有可能来自陈抟的。不过从陈抟到陈道的十八代中，有道教高人托陈抟之名创作斗数再传至后人也不无可能。总之，除非发现确凿证据，否则便无法确定南派斗数的真实作者，无论说确是陈抟所作抑或伪托其名都是武断的。

另外，《捷览》《全书》都在陈希夷之后题白玉蟾增辑，内文当中也都有一些白玉蟾补辑的内容，多为解释和评论。如专论各星曜时，就常在陈希夷的论述后面再加上白玉蟾的意见，如“希夷先生曰：天机，南斗益善之星，若守身命，则聪明异常……玉蟾先生曰：天机属木，南斗之善星也，故曰化善。佐帝令以行事，解诸星之逆节”。[①]白玉蟾作为金丹派南宗五祖，一向以文墨和内丹雷法之学彪炳道教，关于其术数造诣则少有提及。按照生卒年代，白玉蟾与陈抟并无交集，但前者曾云游至华山纪念陈抟的道堂并作诗《希夷堂》，故与陈抟后人有交是有可能的。而在白玉蟾所作内丹诗词中，亦有一些天文星占内容，如《金丹诗》[②]“三军会合行氐度，四帅屯围入轸宫”，氐、轸分

① 《捷览》第164—165页。

② 《道藏》，文物出版社、上海书店、天津古籍出版社联合出版，1988年，第29册第774页，《道法会元》。

属二十八宿当中的东青龙与南朱雀，“三军会合”暗指东方，“行氐度”是说以青龙为法象，“四帅”暗指西方阴气，“入轸宫”是说西方阴气与南方阳气相感通，这些都是以象征手法来说明内丹的修炼步骤[①]，可见白玉蟾对于一般天文知识的掌握和运用是游刃有余的。唐宋又正值五星术流行，如苏轼《东坡志林·命分》：“退之诗云我生之辰，月宿直斗。乃知退之磨蝎为身宫，而仆乃以磨蝎为命，平生多得谤誉，殆是同病也！”即是以五星术的论命方法感慨自己之所以和韩愈同样命苦，就是因为他的身宫和自己的命宫落在了倒霉的磨蝎宫（今摩羯座）[②]。其时连苏轼这样的文人都能看星盘论命，白玉蟾作为一代高道懂得甚至精通五星术自然在情理之中。紫微斗数与五星术在论法上颇有相似之处（下文细说），因此若白玉蟾受陈抟后人接待并得到秘传紫微斗数一书，参阅玩味后又增辑数句，从时代背景和其自身学养来推断都是说得通的。并且，这种术数书籍，若要托名一般都会找一些术数大师或神仙，如陈抟、孙子、张果等，而白玉蟾作为真实历史人物，主要贡

① 詹石窗：《南宗道教祖师白玉蟾行踪与文化贡献考论》，《老子学刊》2016年第2期，第153—170页。

② 关于五星术当中的身宫、命宫，见本书第三、四章。

献并不在术数，也没有什么相关著作和事迹，托他的名字并不会给这部书增加多少分量。因此，笔者认为有极大可能就是白玉蟾做的增辑工作。不过还是面对和陈抟一样的问题，需要非常确凿的证据才能最终敲定。

（二）创作时间与版本

南派斗数虽题北宋陈抟所撰，但目前所见最早版本即《捷览》和《全书》（南阳堂版）均晚在明代，而未见之前的任何藏书目录。另外，近百余年发现的《敦煌文书》《黑水城文献》分别包含大量东汉至元、西夏至元的社会史料，其中有不少天文命卜的记录[①]，有学者就当中的星命书籍与百姓实际推算的命书记录进行专门研究，以推断当时流行的星命术种类，也多为唐宋流行的五星术系统，而完全没有紫微斗数的相关记载。可见，不论紫微斗数最早创作于哪个年代，首次出现并刊行肯定要到明代了。

那么，《捷览》《全书》孰先孰后呢？《捷览》的刊行在1581年，《全书》（南阳堂版）则未提具体时间。笔者推

---

① 王巍：《近三十年黑水城出土符占秘术文书研究回顾与展望》，《西夏研究》2018年第3期，第115—124页。

断，应该是《捷览》在前。

首先，罗洪先序言说“始观排列星辰，犹不省其所以；既读其论，论则有道理，玩其断，断则有神验”，即是说，这部书最开始是星曜的排布之法，但他不太懂，之后读到论断方法才觉得有道理。显然，原书肯定是将起盘方法放在最前面，然后才论述如何推断。《捷览》目录分四卷，卷一开始便是《紫微斗数总括》以精简数言来统领全书，然后是《北斗星图》《南斗星图》《中天诸吉星图》《中天诸凶星图》介绍构成斗数的全部星曜及分类，再之后是《安身命诀》《定五行局诀》《安紫微天府诀》《布南北二斗诸星诀》等细讲如何起盘；卷二是统论如《身命二宫论》《绝处逢生论》《命坐正曜论》《上等格局论》等；卷三是对一些赋文的注解等，并附名人命盘数十例及简单论断；卷四则是细讲各星曜。依此目录，恰好符合序言先观星辰、再读论、再读断的顺序。而《全书》第一卷开篇便是《太微赋》《形性赋》《星垣论》这些总论，并且在《星垣问答论》中先介绍了各星曜的特征和基本论断方法，直到《定贵局》《定贫贱局》《定杂局》之后，才开始讲起盘方法包括安命身宫和星曜排布等，这就不符合序言“始观排列星辰，犹不省其所以”的顺序和说法了。

其次，论全书编配的逻辑性，《捷览》是先讲星曜的总体分类（北斗、南斗、中天）和排布方法，再讲论法、断法（包括案例），最后细论各星曜；《全书》则先讲论法、断法、星曜特性，再讲排布方法，又讲论法、断法，整体结构不如《捷览》规整。

再次，《全书》不但没有《捷览》中最重要的斗数星曜分类图（《北斗星图》《南斗星图》《中天诸吉星图》《中天诸凶星图》），也没有《看命总括》《看命捷法》《斗数指南总论》《斗数玄微论》等篇，如前面起盘法所说，这当中多含阴阳五行、易学时数之理，是南派斗数之精髓和有别于其他星命术的核心内容（详见下面两章）。这样看来，像是《全书》的编校者为方便非专业人士能轻松读懂该书，把需要高深理论基础的部分删除了一些，又或者刻意隐藏最奥秘的部分。

最后，还有一条线索能作证据，即《捷览》《全书》中都有真人案例，《捷览》中案例较少，除几位前朝名人如子路等，还有明朝当代官员如罗洪先、严嵩、胡宗宪等，这些人的去世时间也的确在《捷览》刊刻时间之前。《全书》的案例则多很多，既有前朝名人如贾谊、王莽、杨贵妃等，又有明朝当代名人如裴应章等（《捷览》中未收此人)。裴应章于1609年去世，依照常理，若朝廷官员还在世是不会被收入命书当作案例的，所以《全书》(南阳堂版)应该是刊刻于1609年之后，晚于《捷览》(1581年)。

另外，《合并》版卷3到卷6也是南派斗数的内容。卷3《起例歌诀》《北斗星图》《南斗星图》等从目录顺序到内容基本上是《捷览》卷1的内容(《全书》没有)；卷4《太微赋》《形性赋》《星垣论》《十八星问答》等则完全是《全书》卷1的内容(《捷览》没有《太微赋》，各星曜论也与《十八星问答》有差别)；卷6《看命总论》《看命捷法》则来自《捷览》，《全书》中没有。显然，《合并》中的南派斗数又是一版，既有《全书》《捷览》共有的部分，又有一些彼此缺少的内容，涵盖南派斗数的基础和重点知识。该版首见于陈第《世善堂藏书目录》(1616年)，按刊刻时间确定在《捷览》之后，因完整性不如《全书》，大概率也在《全书》之后。尽管如此分析，也不排除《捷览》和《全书》都以陈抟《紫微斗数集》为底本来各自编纂、编次，只是两者进行拣选增减的出发点不同而造成差异。《合并》版同样面临这种情况。

至于陈抟《紫微斗数集》的原版，至今不知道是什么样子。《捷览》"签跋"说"《紫微斗数》一卷，见《千顷堂书目》，未著何人辑。此有四卷，系明陈道传本，罗洪先序甚详”，也就是说，还有个一卷本的《紫微斗数》。据笔者查，这个一卷本的《紫微斗数》还出现在：（清）范邦甸撰《天一阁书目》卷3记《紫微斗数》（1卷），清嘉庆十三年扬州阮氏元文选楼刻本；（清）万斯同撰《明史》卷135志190记《紫微斗数》（1卷）。但都未查到原本，不知道是否为最早陈传的版本。

总之，按照刊刻时间，应该是先有《捷览》，然后是《全书》，再然后是《合并》。按照内容比对，大概是《捷览》更接近陈道给罗洪先所示原版《紫微斗数集》。并且，清末至今坊间流行之南派斗数均以《全书》为底本，而《捷览》则藏在省博物馆，知者甚少，不排除因其最接近原版而秘藏。另外，南阳堂版《全书》为7卷，之后的《全书》基本都是4卷，按照目录划分看，7卷本是更加合理的，比如卷1为《太微赋》《增补太微赋》《星垣问答论》等；卷2则是注解类如《增补太微赋注解》；卷3完全是安星方法；卷4是从《论命宫诀》依次到《论父母诀》；卷5讲格局和大限；卷6、卷7为命盘图。4卷本《全书》虽然详细目录与7卷本同，划分卷数之处却没有7卷本合理，像是后来编册时囿于篇幅重新划分的。因此，明代南阳堂

7卷本的《全书》有极大可能就是如今流行4卷本《全书》的最初版本。

（三）流行：明末与清末至今的两次高潮

关于南派紫微斗数流行开来的时间轨迹，可以从两方面推断。一是诸家藏书及书坊刊刻目录，二是查其他古籍中有无间接提及。

本书第一章整理了能够查阅到原书的所有版本并进行分类。此外，紫微斗数还出现在如下藏书书目中：①（明）陈第撰《世善堂藏书目录》卷下，陈希夷撰《紫微斗数全书》（6卷），清乾隆六十年鲍氏刻知不足斋丛书本。②（明）朱睦㮮藏并撰《万卷堂书目》卷3，《紫微斗数》（8卷），未署名，（民国）观古堂书目丛刊本。③（清）范邦甸撰《天一阁书目》卷3，《紫微斗数》（1卷），“不著撰者姓名”，清嘉庆十三年扬州阮氏元文选楼刻本。④（清）万斯同撰《明史》卷135志190，《紫微斗数》（1卷），未署名。⑤（不详）《千顷堂书目》，《紫微斗数》（1卷），未署名，民国适园丛书本。还有散落在一些县志的书目中，如（民国）余宝滋修、杨韨田纂《数学四种注》，四种即为河洛理数、邵子爻象、紫微斗数、金涵宝镜。其中陈第所收版本以及一卷本已在上节做过讨论，唯明代朱睦㮮所收《紫微斗数》8 卷却不知是哪一版。朱睦㮮（1518—1587）是明代宗室，亦是当时著名藏书家、学者。其逝世时间 1587 年比《捷览》刊刻晚几年，而早于《全书》。但《捷览》为 4 卷，又因为该 8 卷未署陈抟之名，初步推测可能是《合并》本。

除去原书，还有对紫微斗数进行阐释的著作，如明末清初邱维屏[①]撰《邱邦士文集》卷 2《紫微斗数五行日局解》、民国王栽珊撰《紫微斗数命理宣微》等。

由以上梳理可以看出，南派斗数的刊刻和流行有两个重要时期。一是明末，此时《捷览》《全书》《合并》首次接踵问世，并被陈第、朱睦㮮等著名藏书家所收，还有邱维屏这样的易学大家亲自撰文阐奥，可见在当时的知识分子中是很受重视的。而刊刻这些书的书坊也极具时代特点。明朝初年，朱元璋为巩固自身统治曾大兴文字狱，禁锢文人思想[②]，凡与程朱理学相违的书籍都加以禁止，故

① 邱维屏（1614—1679），字邦士，号松下先生。明末清初文学家、诗人、隐士，“易堂九子”之一。精研历数、易学和西洋算术，著有《周易剿说》12 卷等。

② 杨军：《明代江南民间书坊兴盛的社会背景透析》，《图书与情报》，2006 年，第 5 期，第 132—136 页。

民间书坊几无发展空间。至嘉靖、万历年间，明朝前期实施的一些与民“休养生息”相关的政策如扶植工商业等都收到较好效益，故民间工商更加发达，人们的思想也较前期活跃起来。加上当时图书出版没有繁文缛节、逐级审查的制度，且无论官刻、坊刻、私刻，只要财力所及皆可刻书[①]，于是图书题材和种类也变得丰富多样，从而涌现出一大批藏书家及藏书楼 。这种盛景在世界文化发展史中也是令人瞩目的，如美国学者高彦颐（Dorothy Ko）便在《明末清初的江南才女文化》[②] 中提到出版业的这种繁荣是前所未有、革命性的。[③]

而晚明印刷业最盛之处便是在江南地区，如明人谢肇淛说天下刻书最精者，为南京、湖州和徽州，江南即占其二。李伯重认为，江南出版业主要集中于南京、苏州、杭州三大城市以及湖州、无锡、常州、松江等城市，其中南京又占据了中心地位，仅苏州和南京所刻之书即占全国出

① 马志赟：《明代金陵唐氏书坊考略》，《河南图书馆学刊》，2011 年，第 31 卷第 4 期，第 131—133 页。

② [美] 高彦颐著、李志生译：《闺塾师：明末清初的江南才女文化》，南京：江苏人民出版社，2005 年。

③ 邹振环：《晚清书业空间转移与中国近代的“出版革命”》，《河北学刊》，2020 年，第 40 卷第 3 期，第 66—82 页。

售之书的7/10。[①]其时南京的三山街、夫子庙、太学前集中了数十家刻书坊，著名者有唐氏书坊十七家、周氏书坊十三家和王氏书坊七家。其中，尤以唐姓为最，如……唐谦的益轩；王氏书坊，如……王洛川。[②]《捷览》题“金陵书坊王氏洛川刊行”，《合并》题“金陵益轩唐谦校”，便是这一时期金陵王氏书坊和唐氏书坊的作品。而《全书》（南阳堂版）题“江西负鼎子潘希尹补辑、闽关西后裔杨一宇忝阅”，却未查到相关书坊。彼时与江南印刷成竞争者为福建建安（今属福建省南平市），但万历后逐渐衰退让位于江南，所以也有可能《全书》出自建安一带书坊。另外，到这里我们也可以大胆推断，南派斗数之所以称为南派，很有可能跟这几个版本由江南书坊刊行，并且罗洪先、潘希尹、邱维屏等人都在江西活动有关。

但显然，南派斗数并没有就此流传开来。因为除邱维屏撰《紫微斗数五行日局解》外，就没有其他间接资料如注解、文学作品引用等来显示它的存在，也就是说，不论在学界还是民间，知道它的人似乎都不多。很可能是由

① 李伯重：《挑战与应对：明代出版业的发展》，《中国出版史研究》，2017年第3期，第7—29页。

② 郭孟良著：《晚明商业出版》，北京：中国书籍出版社，2011年。

于明清交替时战争频繁、大量书籍损毁、文人逃散隐居等造成了断层。直到清末民初，突然有多个书局再次刊行紫微斗数相关书籍，数量和规模远超过明末。这可能与当时引入西方先进印刷技术而令印书成本大大降低，并且又适逢思想文化自由繁荣以及出版政策宽松等诸多因缘再次叠加有关，从而为现代紫微斗数的蔚然流行打下基础。这时所刊行的南派斗数基本都以《全书》为底本，间或有一些《合并》版，而完全不见《捷览》。其时命理大师王栽珊所作《紫微斗数命理宣微》《华山陈希夷先生飞星紫微斗数原旨》[①]，以及近现代较有影响力的命理学者如王亭之、梁湘润等所出著作也都以《全书》为底本，流行和影响至今。至于道藏版斗数，则基本无人再提。

综上，紫微斗数的刊刻与流行集中发生在两个时期。一是明末，主要在江南福建等地，四种版本《捷览》《全书》《合并》《续道藏》版都有刊行。二是清末民国时期，虽然刊行数目和流行程度远超明末，但基本只以南派《全书》为主，这种状况延续至今。以版本梳理来追溯紫微斗数之成型便只能就此止步，接下来以具体创作和推算思路来分析。

---

① （民国）观云先生（王栽珊）著：《华山陈希夷先生飞星紫微斗数原旨》（内页书名《斗数观测录》），铅印本，藏于国家图书馆古籍部。

第三章　星占术中的数理思路、分类及历史发展概要

先说术数。中国在几千甚至上万年中创作出的术数种类远比大众想象的要多，只是大部分都堙没在历史中。到今天，绝大部分人依然对这些东西存在不合时宜的迷思，要么过分神话，觉得掌握它们便可洞悉宇宙、无所不知甚至通天改命，要么又走向反面，认为全是迷信糟粕而坚决抵触。实际上，站在科学史的角度，易学、星占术、占候卜算风水等，都是古人试图了解自然规律并利用这些规律来接近真理、更好生活的探索性产物。而这些产物，或囿于落后的观念，或囿于不同时期政治、文化等意识形态，必然对错相兼，所以全盘肯定或者否定都是不公允的。更重要的是，当中很多观念和理论都作为文化常识和基础概念渗透融会在中国古代的哲学、医学、天文、技术、文学

艺术、民俗等所有领域，所以不对它们有基本的认知，是无法真正了解中国传统文化，更不可能深入研究相关学科的。

术数之种类和著作注疏虽浩如烟海，自古便令无数志趣者望而却步，抑或终生钻研都未能登堂入室。究其根源，在于缺乏对基础知识的充分理解和整体把控。实际上，不论哪一类术数、衍生出何种花样，总源头都在古代天文以及阴阳五行、河洛理数、干支、八卦等最初的规则。这些规则有来自实际经验的总结，也有类似数学公理的先验成分，像是远古给出一套以符号系统来解释万物的高度抽象的宇宙观。至于它们是真是伪、从何而来，暂时不用讨论，也可能永远讨论不出结果。我们只需要掌握这些最初的基本规则，再粗略梳理历史各重要阶段对它们的增减和不同发挥，便能够摸索和追溯所有术数的底层逻辑和创作思路，继而厘清术数发展的脉络。

星占术作为术数中的一大类，基本原理就是赋予天上星曜以人间事务、人物、地域等特质，然后根据天象变化来占测其所对应的人间事项的吉凶。从占测对象看，分军国占星学与生辰星占学。军国占星学（Judicial Astrology）是以星象来预卜各种军国大事，诸如战争胜负、年成丰歉、水旱灾害、帝王安危（有时也包括帝王个人的命运）等，恒星、行星、日月交食以及彗星、流星、风霜雨雪等均可入占。生辰星占学（Horoscope Astrology）则是根据盘主出生时的日月五星位置配合黄道十二宫、后天十二宫来推算终身命运吉凶[①]，传至中国后结合本土元素发展出五星术，后来深度变形为紫微斗数和子平术，统称星命术或禄命术，这一点我们在概论便已讲清。

本章是要从数理角度入手来解析。笔者先将占星术之构成分为两部分。

一是实际星象，包括：①行星。如日、月、金星、水星、火星、木星、土星等；②恒星。又分黄道带或黄赤道带的恒星，如黄道十二宫、二十七／二十八星宿；和以北极为核心的恒星系统如北斗七星，以及相关重要概念如紫微、太乙、月建、斗建等；③以上两种恒星系统的结合，即三垣二十八宿。

二是脱离实际星象、机械循环式的数学概念，包括：①干支、五行（纳音）、十二长生、九宫八卦等基本模型；②神煞系统，包括太岁干支神煞、式类干支神煞等。这种

① 江晓原著：《12宫与28宿——世界历史上的星占学》，沈阳：辽宁教育出版社，2004年，第2—3页。

模型的本质，是阴阳学家们希望通过推演来求得对天地大数的了解，即一种规律性的东西，[①] 也是中国术数最独特的部分。

很多术数学家包括命理学家，常以第二类的数学循环模型来攀附第一类所说的实际星象，又花很大力气自圆其说，不断地以一个错误理论弥补上一个错误理论的缺陷，以致越搞越繁杂，越搞派系越多，最终偏离本源。像有人甚至煞有介事地说什么十大行星对应十天干、南派紫微斗数的身宫就是西洋占星中的月亮星座等，便是混淆这两类而得出的错误结论——实际星象由于行星运动速度不均匀、岁差、闰月等诸多因素是无法呈现机械性、理想性的完美运动的，所以从根源上就不可能与第二类数学循环模型一一对应。实际上，很多古代术数著作都是因为创作者本身对于基本知识掌握得不够清楚扎实而显得矛盾含糊，给后来学者制造诸多障碍。也因此不要盲目崇古或者神化一些大师和典籍，固执愚蠢地将错误百出的故纸奉为圭臬，如此只能落得空耗一生，还不如不学。

由以上这两种数理意义上的分类，星占术之创作思路

① 卢央著:《中国古代星占学》，北京：中国科学技术出版社，2008 年，第 56 页。

也可以由两种路径展开，即以实际星象为基础的星占术，和以数学循环模型为主要框架的星占术。

一、创作星占术的两种思路——以实际星象为主要框架

（一）军国星占术：北斗 / 行星 / 恒星入占

观测日月五星、恒星以及客星（彗星、流星、新星等）的运行和变化，将它们对应到地上的相关事务、人物和地区（分野）来作吉凶判断，即前面说的军国星占术的基本原理。这也是中国本土最古老的星占术。

具体应用上，有以北斗星入占者，如《甘石星经》“诀曰，王有德至天，则斗齐明，国昌。总暗，则国有灾起”，是说王如果德行高尚，那么北斗星各星就会明亮，而如果都暗淡，就是国要有大灾。这是以北斗星整体的明暗来作判断，随着星占术不断精致化，北斗星各星都有了独立的意义，从而能够单独入占，这便为后来南派斗数将南北斗各星赋予不同意义来推算做好了铺垫。比如《开元占经》卷 67“北斗第一星曰正星，主阳主德，天子之象也。

第二曰法星，主阴主刑，女主之位也。……正星有变，正宫有忧若死；法星有变，女主当之若死”，即北斗第一星叫“正星”，主阳、德，象征天子，“正星”若有变化（主要还是明暗度），天子以及正宫就会有忧患；北斗第二星叫“法星”，主阴、刑，象征女主，若这颗星有变化，那么女主可能面临死亡。北斗星入占在中国的星占术中有非常重要的地位，关于北斗七星（九星）也有不同的名称系统，比如南派斗数的贪狼、巨门体系，又如风水中的天蓬、天芮体系，等等。

也有通过观察日月五星的状态如行速、颜色、行度得失等来占测。例如石氏说“太白，兵象也。行疾，用兵疾，吉；迟，凶”，即是说金星代表兵事，运行快则用兵快，为吉，反之运行慢则凶。《荆州占》“太白出东方，失行而北，中国败；失行而南倍，海国败”，说金星出于东方，但是不符合原有的运行轨道或速度，向北行则中国败，向南快行则海国败。还有观察二十八星宿的状态来占测地上对应区域（即分野）吉凶的，最典型和为人熟知者如李淳风《乙巳占》。如苏州碑刻博物馆所藏南宋石刻天文图，中间为紫微垣（包括北斗星），外面两圈为包括二十八星宿在内的星官，最外面就是十二次和对应的分野如荆州、雍州等。

（二）生辰星占术：域外星命术的特点、传播以及对中国五星术的影响

在生辰星占术方面，这类以实际星象为主要框架的最典型代表就是古巴比伦—希腊星占术，后来的印度、阿拉伯、西洋中世纪占星术以及我国隋唐时期产生的五星术都由此一脉相承。其最早成型于公元前数百年甚至数千年的古巴比伦和古希腊地区，然后在公元前后传入印度并影响印度的星占学；公元 3 世纪到 7 世纪，希腊和印度的星占术传入波斯，7 世纪后传入阿拉伯国家。后来欧洲因为进入漫长的“黑暗中世纪”，很多知识包括星占术被迫隐匿乃至消亡，直到 11 世纪后伊斯兰国家将保留的典籍和知识回传欧洲——如将托勒密巨著《四书》《天文学大成》由阿拉伯语翻译成拉丁语等，相关的天文学和星占学知识才逐渐重现西方世界继而发展至今。

这种域外生辰星占术向中国的传播，最早由印度经僧人通过译经传入，如吴（220—280 年）竺律炎与支谦译《摩登迦经》、西晋（265—316 年）竺法护译《舍头太子二十八宿经》，先后把七曜（日、月、五星）和印度二十八

星宿（Nakshatra，“月站”的意思）[①]的域外星占含义引进。唐开元六年（718年）瞿昙悉达奉诏翻译来自天竺的《九执历》，在七曜的基础上加入罗睺、计都[②]而成“九执”。而同时期由密教高僧不空翻译、修撰和口授的《文殊师利菩萨及诸仙所说吉凶时日善恶宿曜经》（简称《宿曜经》）则引入了黄道十二宫的名称。[③]如今中国坊间流行的十二星座及其译名，最早便可以追溯到这里。《宿曜经》中黄道十二宫名分别为师子宫、女宫、秤宫、蝎宫、弓宫、磨竭

---

① 印度有二十七星宿和二十八星宿两种用法。中国早在汉代以前即有四象二十八星宿系统，学界曾有中国二十八星宿由印度传入之说，显然是不对的，后被否定。但是早期译经者多为域外僧人，所以翻译天文学知识时基本直接照搬，到唐代僧一行再翻译相关经典时，因其自身通达中国古代天文及阴阳五行等说，便随译随加入本土元素，印度二十七或二十八星宿也渐渐正式变成了中国古代的二十八星宿而被之后的星命术使用。

另外，印度二十七星宿或者二十八星宿有“月站”之意，就是月亮运动所经过的一个个黄赤道恒星组。如今坊间流行一种算二人关系如安坏、荣亲的简单占算方法，即是依照两人出生时月亮所在星宿来推算。这其实也是隋唐时期随佛教密宗典籍传入的，但因为岁差早已经不准确，须按照现今实际星象来算。

② 罗睺、计都在五星术中作为“四余”之二有重要地位，但很多学者至今不解其来源和含义，可参考钮卫星《罗睺、计都天文含义考源》，《天文学报》，1994年第3期，第326—332页。

③ 何丙郁著：《何丙郁中国科技史论集》，辽宁：辽宁教育出版社，2001年，第245—246页。

宫、瓶宫、鱼宫、羊宫、牛宫、婬宫、蟹宫，与现代星占学的译名有差异。

五星术或者说七政四余即是在这样引介域外生辰星占术的文化背景下，再融合中国本土术数元素创作出来的，后系统整理阐释于《张果星宗》《耶律真经》《星学大成》等经典。五星术成型在隋唐、盛行在唐宋，明代之后逐渐衰落，让位给子平术和紫微斗数。关于五星术的产生、流行以及对域外天文元素的吸收等，我国科学史（天文学史）界研究得相当充分，感兴趣者可详细参阅钮卫星的代表作《西望梵天（汉译佛经中的天文学源流）》[①]《唐代域外天文学》[②]、宋神秘《继承、改造和融合：文化渗透视野下的唐宋星命术研究》[③]、靳志佳《唐宋时期外来生辰星占术研究》[④]等。之后还有数次域外星占学包括现代天文学向中国的传入，但都没有这一过程对中国星命术的影响深远，

① 钮卫星著：《西望梵天（汉译佛经中的天文学源流）》，上海：上海交通大学出版社，2004 年。

② 钮卫星著：《唐代域外天文学》，上海：上海交通大学出版社，2020 年。

③ 宋神秘著：《继承、改造和融合：文化渗透视野下的唐宋星命术研究》，上海交通大学 2014 年博士论文。

④ 靳志佳著：《唐宋时期外来生辰星占术研究》，上海交通大学 2020 年博士论文。

并且明代以后子平术和紫微斗数作为星命术/禄命术“顶流”的地位已然不可撼动，所以便不再吸收融入外来元素了。对于唐宋之后中国天文学史/星占学史感兴趣的，可以参考韩琦、石云里等学者的相关研究，本书不多言。

实际上，这种古巴比伦—希腊生辰星占术，相比中国本土的星命术包括五星术、子平术、紫微斗数等，在当今社会更为大众所熟知。这要归结于19世纪后西洋现代占星术的崛起和在欧美以及中国、日本、韩国等地的日渐盛行。虽然如今流行的这种现代占星术与最初的古巴比伦—希腊星占术已有很大不同，但基本的形式、构成元素以及推算原则与母本依然是一致的，即以黄道十二宫和后天十二宫为背景，由行星状态（庙、旺、弱、陷）和行星运动所成角度（相位）来做大致推断。因为有不少学者认为紫微斗数来自五星术，而五星术来自这种域外星命术，为方便之后展开讨论，我们先拿一张西洋星盘图来简单介绍它的基本结构和推算方法。（图3–1）

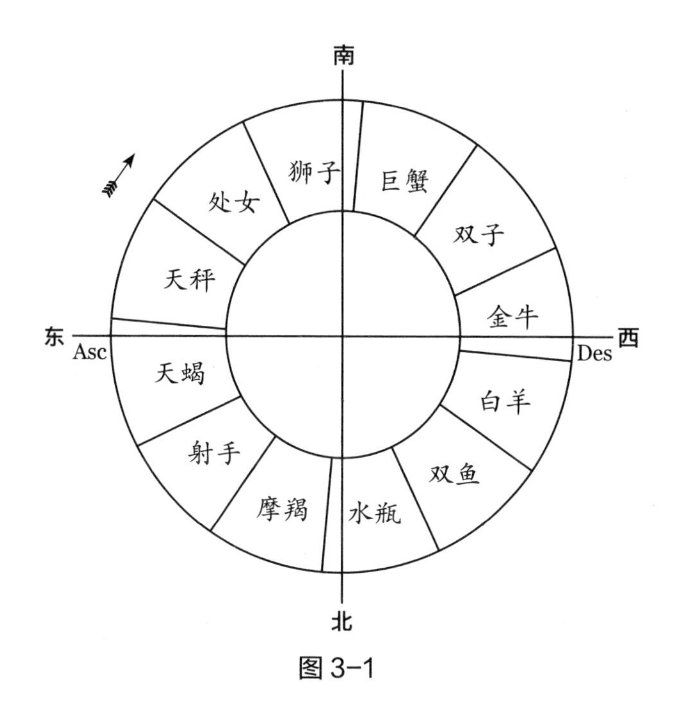

图 3-1

先看黄道十二宫。在星占学当中，从地面上观测每日太阳的东升西落，其运行轨迹以地平线为水平线而形成一个圆弧，就是黄道。将这个圆弧补充成一个完整的圆，平均分成十二份，每份三十度，即黄道十二宫。这里有两个重要概念，一是星占学为“地心”系统，即一切星曜运行都以观测者的视角来论，而非现代天文学之“日心”系统。二是黄道十二宫之起点“白羊宫”最早来自真实天文中的白羊星座，当时的依据是春分点在白羊座。后来因为岁差，春分点已经移到真实天文星座的双鱼座，但占星学依然以春分点等同于白羊宫，也就是说，它所用的黄道十二宫已经变成了一套以春分点为起点（白羊宫），然后在黄道平均分成十二份的区块，与真实星座没什么关系了。因为常有不懂星占学者以其脱离实际天文而加以诟病嘲笑，实际上是没有正确了解星占学的前置条件并将之与真实星座区分开。但这可以归结到翻译问题，“宫”对应的英文是 House，“星座”对应的是 Constellation，若按照英文其实不容易引起歧义，隋唐五星术等古籍中翻译成“宫”也很形象贴切，是近些年的现代著作将其翻译成“星座”后才造成混淆。

依照图 3-1，每天黄道十二宫按照每四分钟走一度的速度从东向西旋转。个体出生时，卡在东方地平线的黄道宫就是上升星座（Ascendant, 以 Asc 表示），西边与之相对的宫叫作下降星座（Descendant）。向上看的最高点叫作天顶，与之相对地下看不见的最低点叫作天底。当中最重要者为上升星座，它所卡的黄道宫名就是盘主的命宫名，如图 3-1 盘主的上升星座 / 命宫是天蝎。之后，以天蝎为命宫，逆时针排布后天十二宫即财帛宫、兄弟宫等即可。

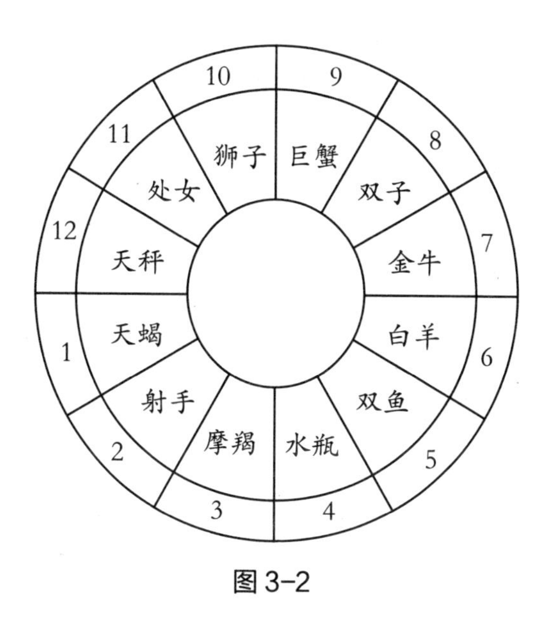

图 3-2

图 3-2 把一宫起点放在了天蝎宫起点即 0 度的位置，是因为采取整宫制。整宫制是西方古典占星常用的宫位制，即把上升星座整个 30 度都定为命宫，其余黄道十一宫与后天十一宫完全重合。现代占星术常采用不等宫制，尤其以 Koch、Placidus 为主，即后天十二宫的划分不均等，故不与黄道十二宫重合，如下面所列天文学家开普勒的星盘图（图 3-3）。其出生于 1571 年 12 月 27 日下午 2:30，上升星座和命宫（一宫）在双子座，则二宫财帛宫在巨蟹座、三宫兄弟宫在狮子座，等等。

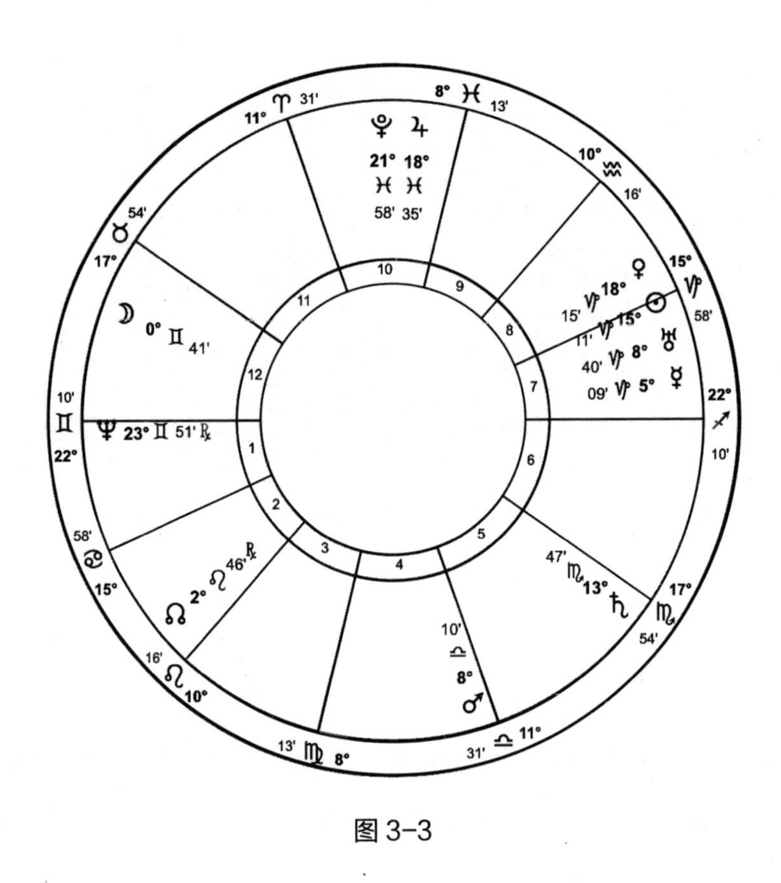

图 3–3

排出命宫和其余后天十一宫，就可以根据实际星曜如日、月、五星在盘中的分布来进行推算判断了。其基本和主要规则如下：

（1）行星之先天吉凶。吉星：日、月、金星、木星。凶星：火星、土星。中性：水星。①

---

① 关于行星吉凶，此处参考的是古典占星当中的主流用法。也有将太阳当作中性星或凶星、水星当作吉星等。

（2）行星之庙、旺、陷、弱。当行星在其庙、旺的星座时，吉性增加；反之在陷、弱，则凶性增加或者无力。关于各行星的庙、旺、陷、弱，是有固定用法的，比如月亮在巨蟹座庙、金牛座旺、摩羯座陷、天蝎座弱等。

（3）后天十二宫之力量强弱。古典占星将后天十二宫分为三类：①角宫，一、四、七、十宫，行星落在这四宫最有力、最能发挥自身特点；②续宫，二、五、八、十一宫，行星落在这四宫为中等有力；③果宫，三、六、九、十二宫，行星落在这四宫为无力。

（4）后天十二宫之吉凶。吉宫：一、四、七、十、五、九、十一宫，行星落在这些宫吉性增加。凶宫：二、六、八、十二，行星落在这些宫凶性增加。第三宫根据不同派别归类不同。根据（3）（4），再看北派斗数、五星术论宫位之“七强五弱”或“七吉五凶”等，便是出自这里。

（5）行星间相位之吉凶。即以圆心为基点，各行星之间所成的角度。分①合相，即行星在同一宫；②三合，行星间成 120 度；③冲，行星间成 180 度；④刑，行星间成 90 度。行星间所成相位也可作为判断吉凶的依据，但是古典占星与现代占星不同，不一定三合、六合就是吉，刑冲就是凶。五星术、紫微斗数对于相位吉凶的判断与古典占星更加接近，但本书不是推命书，此处一笔带过，感兴趣者可仔细比对。

前面分析紫微斗数的起盘原理时提到过，星命术的基础判断逻辑很清晰，就是吉性因素叠加越多越好，反之则凶。也就是说，先天吉星（比如金星）+ 庙旺（金星在金牛）+ 在强宫、吉宫（落在第十宫）+ 吉相位（与木星三合），就能在其所落宫代表的领域如十宫事业宫（或者作为宫主星管理的某宫）发挥最大吉性。反之，凶性因素叠加越多，该星落宫或者掌管的宫所代表领域就越凶。以这种规则套在包括命宫在内的后天十二宫，就可以大致判断各宫即各人生面向如财帛、田宅、婚姻等状况了。

还以图 3–3 开普勒的个人星盘为例。木星（吉星）在双鱼座（庙）落在十宫（强宫、吉宫）与金星（吉）太阳（吉）六合，十宫为事业宫，所以其一生的事业繁荣且有名望。当然，虽然这点比较准，也可能是巧合。本书只是对中西古代天文星占历史和思路做必要的介绍，以方便阅读古籍研究学术，不讨论命理学是否符合现代科学的问题。

五星术基本照搬了域外星命术中以上几点核心规则，并在此基础上融入中国术数的发挥，比如加入“四余”即紫气（炁）、月孛、罗睺、计都而与日月五星成“七政四余”，还有天干变曜（在下一章北派斗数中细说）、五行生克、干支、易卦等而成为中国本土第一种尝试自创的星命术。关于具体发展和流变过程，如前所说可参考钮卫星、宋神秘、靳志佳等人的研究。图 3-4 是《俄藏黑水城文献》（第 10 册）中一张西夏文的五星术命盘图[①]，翻译成汉文后绘制如下。与以上开普勒的命盘相比，星曜中多了四余，内圈多了十二地支和对应的地支六合[②]。黄道十二宫和后天十二宫的名字也有些差异，比如现代西洋星占中的处女座称双女宫，双子座称阴阳宫等。但可以看出，整体构架依然是域外星命术的形式。

① 引自袁利：《俄藏黑水城出土西夏文占卜文书 ИHB.No.5722 研究》，第 50 页。

② 域外生辰星占术的早期星盘也有附相同一圈符号的，代表该星座的主管星。两者关系可近一步研究。

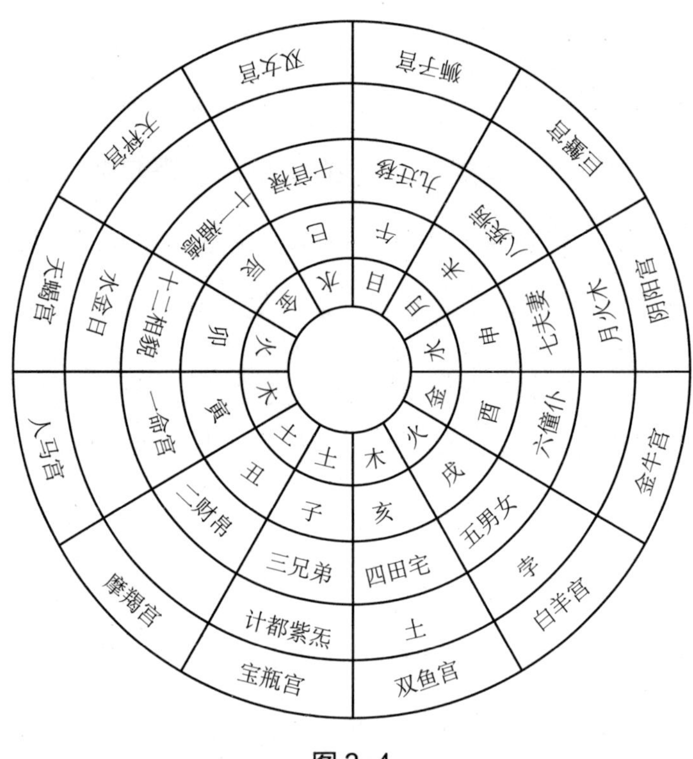

图 3-4

何丙郁曾做两张简表来比对西洋、印度、波斯、《七曜攘灾诀》、《张果星宗》和南北派斗数中十二宫的差异[①]，非常直观，笔者将两表合并如下（图 3–5）。其中西洋占星的十二宫有几种不同名称，笔者改成了如今大陆地区的习惯用法。通过这种比对，很容易看出南派斗数自成一系，其他星命术的十二宫顺序和含义则非常接近。

① 何丙郁著：《何丙郁中国科技史论集》，辽宁：辽宁教育出版社，2001 年，第 248–249 页。

由以上对域外生辰星占术之构成与技法的介绍以及对五星术的影响，再翻回第一章起盘原理看南北派斗数中星曜庙陷、三方四正等论法，便可真正理解其来源和原理了。另外，北派斗数与五星术之十二宫完全一致，笔者分析其沿袭五星术的成分很多，后面再细论。

宫序	西洋	印度	波斯	七曜攘灾诀	张果星宗	北派斗数	南派斗数
第1宫	命宫	身体	命	命宫	命宫	命宫	命宫
第2宫	财帛	富	财	财宫	财帛	财帛	兄弟
第3宫	兄弟	兄弟	兄弟	兄弟宫	兄弟	兄弟	夫妻
第4宫	家庭	亲友	住居	田宅宫	田宅	田宅	子女
第5宫	子女	儿女	子孙	男女宫	男女	男女	财帛
第6宫	工作	敌人	病人	僮仆宫	奴仆	奴仆	疾厄
第7宫	婚姻	妻	结婚	妻妾宫	妻亡	妻妾	迁移
第8宫	疾厄	死	死	病厄宫	疾厄	疾厄	仆役
第9宫	迁移	法	旅行	迁移宫	迁移	迁移	官禄
第10宫	事业	权威	天中央	官位宫	官禄	官禄	田宅
第11宫	交友	所获	幸福	福相宫	福德	福德	福德
第12宫	隐秘	不幸	不幸	困穷宫	相貌	相貌	父母

图 3-5

二、创作星占术的两种思路——以数学循环模型为主要框架

不同于上面以实际天象为框架的星占术，这一类星占术是对天象、历法等进行模拟和造模，创作出一些富逻辑性的、可循环的数学概念和规则来推算。虽然这在古代算作天文/星占的范畴，但其实早已脱离实际天文而成为一种理想化的数学系统。这些概念和规则多且普遍，广义来讲，像天干地支（六十甲子循环）、五行生克、十二长生、太岁/干支神煞等我们熟知的术数甚至可以说传统文化元素都在其中。这也是我们中国古代天文学/星占学有别于世界其他地区的特征性占测思维与文化。

（一）军国星占术：式占/式盘的推算思维（以太乙式为例）

以数学循环模型作框架的军国星占术，最典型者为汉代三式，即遁甲式、太乙式、六壬式。它们最早是在一种叫作式盘的工具上操作。这种式盘是模拟古代天圆地方、天动地静之宇宙观而制造的一种可旋转的双层或多

层盘。图 3-6 为甘肃省博物馆藏东汉初髹漆木胎六壬式盘[①]。

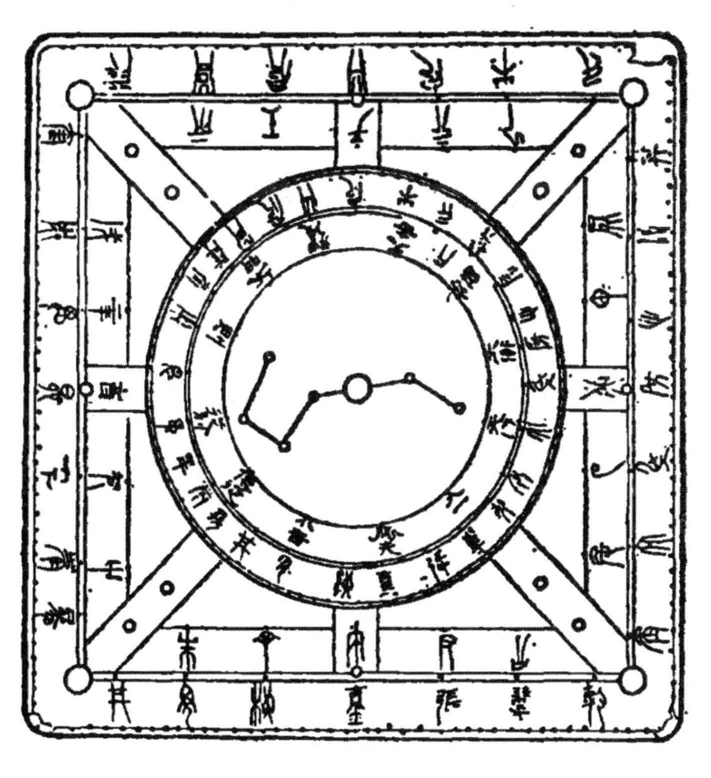

图 3-6

① 引自严敦杰《式盘综述》,《考古学报》1985 年第 4 期。

最下层的方盘上常刻有十二支、八卦或者二十八星宿名（此处有方位的含义）和对应之分野，代表地盘，为静。上面的圆盘则模拟天空中星象的运行——当然，是古人理想化的数学循环模式，代表天盘，为动。天盘中央常刻有北斗七星的符号，象征诸星以北极（紫微、帝星）为中心、斗柄为指向，永恒流布旋转——这点非常重要，因为域外占星术以及五星术都是以黄道上划分的区块（黄道十二宫）或者黄赤道上的恒星组（二十七/二十八星宿）为主要参考，而这种以北斗/北极为中心的占星观念则为中国所特有。南派紫微斗数便是将星盘从域外星命术的黄道框架彻底转向中国以北极为核心的南北斗系统，接下来两章详细阐释。

用式盘占测时，通过旋转上层天盘来与下层地盘产生各种关系，便可以进行推算。随着古人抽象思维和数学运算能力的提高，便逐渐不用借助实际的操作盘而直接在纸上或者手掌上画出地盘，然后用口诀运算天盘，将推算好的虚拟星曜、神煞等加在地盘上即可占测。紫微斗数的古籍中有时会出现天盘、地盘的术语而不加解释，常让人不明所以甚至胡乱发挥，其实源头是在式占这里。这时我们再回头看南派紫微斗数的起命宫、身宫法，实际上就是省略了一个盘而代以数学口诀，核心依然是天动地静的式盘思维。

这些式占的功用是占测推算军事、天气、国家大事（有时也有琐事）等吉凶状况。严敦杰在《式盘综述》中简单梳理了式占发展史，其最早可以追溯到汉代甚至汉代之前，如《黄帝内经·素问》《淮南子·天文训》中便已有式占的零碎痕迹。之后如隋代萧吉《五行大义》也讲述了关于三式的内容，然后经唐到北宋《崇宁国子监算学令》说“诸学生习九章、周髀义及算问……并历算、三式、天文书”，都可以看出式占的正常流传。然而到南宋，情况便开始发生变化，如《宋会要》载绍兴年间太史局因无人投试，便只考三式当中六壬式的基本内容，再到淳熙元年（1174 年）“即无试天文、三式二科之人”，可见那时起懂三式的人就很少见了。明代禁止民间私习天文学，加上明清传教士带来当时较先进的西洋天文学，就更没有什么显著发展。到清代《红楼梦》《镜花缘》中提到用六壬入占的例子，便应该与当今的状况差不多，即坊间依然有使用六壬式的术士，但遁甲式和太乙式则相对罕见。但是难见到并不意味着难学，卢央在《中国古代星占学》第五章“式占通说”中详细介绍了三式的布法和推算原则，远不像大众想象的那样晦涩难懂，难度大概是初中数学的水平，只是太过繁琐。如若愿意，现代人花费些时间精力也可以掌握。

另外，何丙郁在追溯紫微斗数源头时说其可能来自《太乙人道命法》，卢央则提到这种推算个人命运的太乙人道命法来自三式中的太乙式。为方便下章展开讨论，我们先以卢央《中国古代星占学》第五章关于太乙式的解析为参考，来大概了解太乙式的起盘和推算原则，顺便直观感受一下式盘的思维模式。

《后汉书·高彪传》说“天有太乙，五将三门”，《日者列传》也提到“太乙家”之名，故太乙式至少可以上溯到东汉时期。按照记载，太乙式主要用于军事，后来也作日常占测。太乙式以九宫八卦为基础，九宫八卦（图 3–7）来自洛书，口诀为“戴九履一，二四为肩，六八为足，三七为腰，五在中央，”即将从一到九的数字填入九宫中相应位置，横、竖、斜相加都得十五，这在数学上称为三阶幻方。中国很多术数都以此为根本来展开，比如可以纳入八卦、节气、方位来形成一套更完整的体系（图 3–8）。

四	九	二
三	五	七
八	一	六

图 3-7

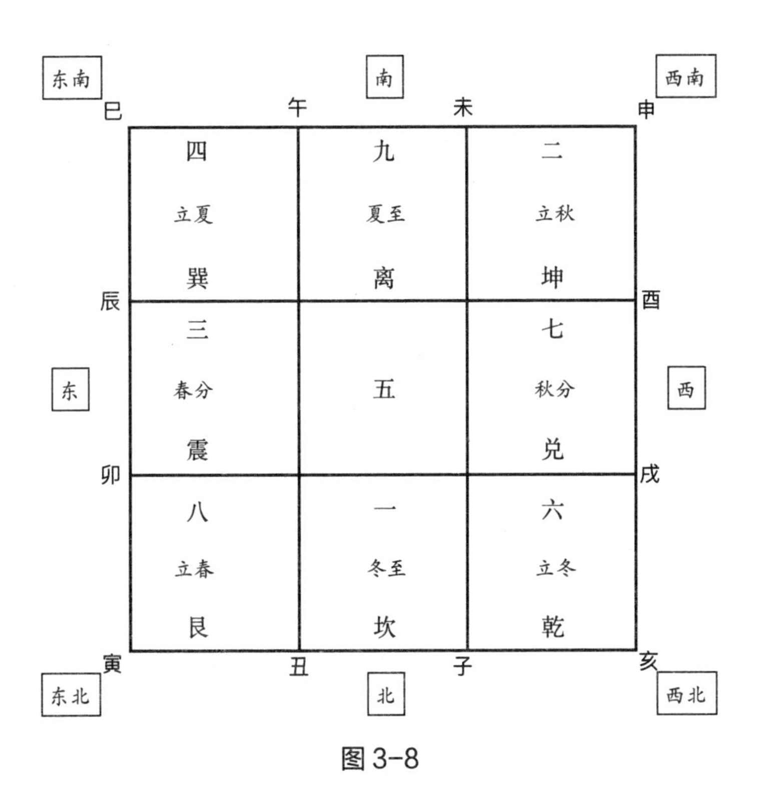

图 3-8

太乙式以九宫为基础，但是要右旋一个宫位，从乾宫数“一”，兑宫数“六”，依九宫顺排（不入中央宫），每3年游一宫，24年游一周。72年为一元，5元360年为一个单位。依次循环。然后排布十六神和五将，通过它们在九宫的关系来进行占算。下面依步骤来演示。

1. 排布太乙十六神

太乙十六神要按照盘上的十二支来排布。但十六神要对应十六个位子，所以除去十二支，要再加入乾、艮、巽、坤四卦，如图3–9。

巳 巽 九 辰	午 二	未 坤 申 七
四 卯	五	酉 六
三 寅 艮 丑	八 子	戌 一 乾 亥

图3–9

然后在此基础上排布太乙十六神。排布规则依照《五行大义》:“太乙十六神者，地主在子，阳德在丑，和德在东北维，吕申在寅，高丛在卯，太阳在辰，大炅在东南维，大神在巳，大威在午，天道在未，大武在西南维，武德在申，太簇在酉，阴主在戌，阴德在西北维，大义在亥。十二支配十二神，还有四神列于四维，即和德在艮，大炅在巽，大武在坤，阴德在乾。”排布如图 3-10。

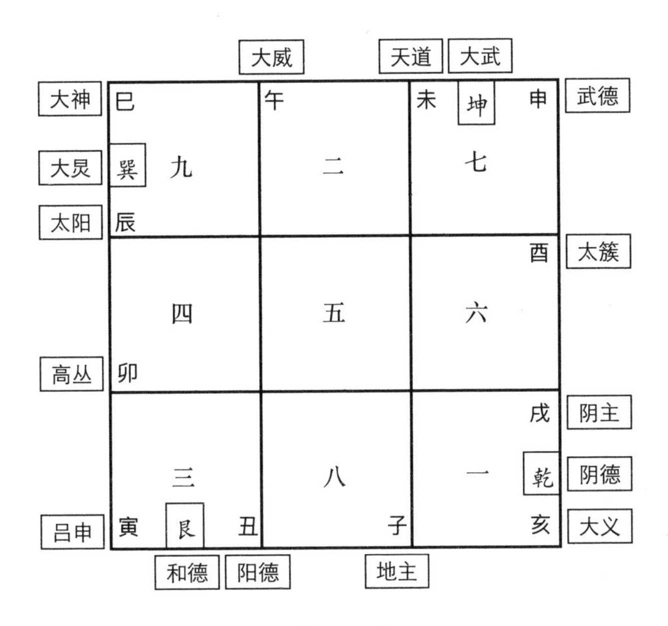

图 3-10

2. 求积年

所谓积年，是古人构想出的一个理想化的起算年，依照《太乙数统宗大全》:“上古甲子年，甲子月，甲子日，甲子时天正冬至，日月合璧，五星连珠，皆合于子，是谓上元。”这一天是甲子年、甲子月、甲子日、甲子时，冬至，日月相合，金木水火土五颗星合在十二辰之“子”。稍微说一下甲子月，因为古时曾以冬至即子月为新年开始而非后来的寅月作正月，故有甲子月。关于这一年，《太乙金镜式经》给出唐代开元十二年（724 年）的积年数 1937281，由此便可以算出任何一年的积年数。

公元前 1 年的积年数为：1937281−724=1936557（年）

则 2023 年的积年数为：1936557+2023=1938580（年）

3. 求太乙属何元何年，以及太岁之所在

如前所说，太乙式以 72 年为一元，360 年为 5 元 1 周纪。5 元各为甲子元，丙子元，戊子元，庚子元，壬子元。算唐开元十二年（724 年）太乙属何元何年，可如下计算：

① 唐开元十二年（724 年）的积年数是

1936557+724=1937281（年）

② 1937281/360=5381……121（年）

121 年 /72=1……49

所以入第二丙子元第 49 局

③ 太乙 24 年绕 8 个宫一周，49/24=2……1，太乙巡行了 2 周，现在在第 3 周、一宫治天。

④ 验算。121/60=2……1，六十甲子的第一年为甲子年。公元 724 年为甲子年，太岁在甲子，验算合格。

4. 求计神所在宫分

计神 12 年运行一周天，逆行，只历 12 次（支 / 辰）位，不走四维（即四卦）。子年在寅，丑年在丑，寅年在子……

例：陈后主祯明三年，太岁在己酉，则计神在巳。

5. 求主（天）目文昌所在宫分

天目起于申，即武德。18 年一周天，顺时针。因十六神不够 18，在坤位大武和乾位阴德各重复计算一次。

例：陈后主祯明三年己酉，算得太乙入壬子元 58 局。58/24=2……10，太乙巡行两周后余 10 步，3 年走一宫，太乙在四宫。58/18=3……4，即天目巡游第 4 周，申位武德 1 算，太簇 2 算，阴主 3 算，阴德 4 算，得天目在一宫乾位。

6. 求客（地）目始击所在宫分

将计神加在艮（和德），按十六神顺行到主（天）目即客目。

例：陈后主祯明三年，计神在巳位。计神从巳位转到艮位，天目乾位转到天道未位，故地目在天道未位。

7. 求主算、主大将、主参将

子午卯酉、四维为八正神，其余为八间神。八间神不入算，若起自八间神，则算作 1。

主算由天目起算，到太乙前一宫为多少数，即为主算之数。

例：陈后主祯明三年，太乙在四宫。天目在乾宫，从 1 数，到子取坎数 8，到艮取数 3。

1+8+3=12，即主算

主算除以 10，余数即主大将所在

若主算为 10、20、30 等，则除以 9 取余数

12/10=1……2，主大将在离二宫

主大将宫数 *3/10，余数为主参将

2*3/10，余 6，主参将在六宫

8. 求客算、客大将、客参将

与主算相同，只是从地目开始计算。

地目在未是间神，起数 1，顺行到坤位大武数 7，到酉为兑宫为数 6，到乾数 1，到子数 8，到艮数 3

客算即 1+7+6+1+8+3=26 算

26/10=2……6，客大将在六宫

6*3/10=1……8，客参将在八宫

如此陈后主祯明三年的太乙式便布式完成。如图 3–11。

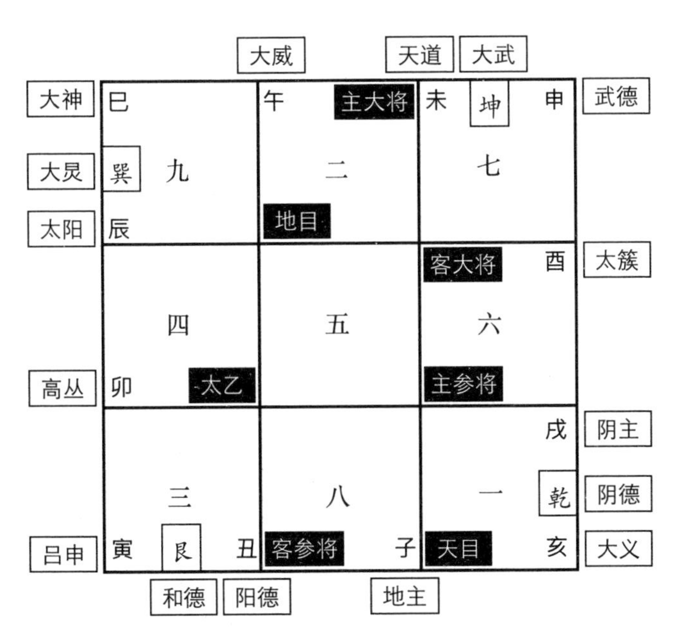

图 3–11

这样，就可以进行占测了。从这个排布过程可以清楚直观地看出当中机械式数学循环的思维模式，并由此见识到与前面以实际星曜为框架的星占术的巨大差异。至于太乙式与太乙人道命法以及紫微斗数的关系，放在后章详细对比分析。

（二）生辰星占术：子平术与紫微斗数

这种数学循环模型下的生辰星占术，最典型者便是如今我们非常熟悉的子平术。可以说它几乎完全摆脱了域外星命术的影子，压根不用十二宫和实际/虚拟星曜那套模式，而只以中国传统的干支循环来排布个人的年、月、日、时，辅以五行生克、神煞（但不主要）即可完成推演论断。实际上，子平术也可以溯源到汉代三式当中的六壬式，但因为不是本书主题，暂不多言。至于紫微斗数，虽然吸收了域外星命术的一些重要概念和推断思路，并且主要星曜名称也来自古代天文学中的实际星曜，但本质还是偏向这种数学循环模型。前面章节介绍了南北派紫微斗数的起盘方法和主要推算原则，这时再返回去看，便可以从这种数学角度有更深一步的理解。而对于它们创作原理的溯源，放在下一章集中详论。

（三）太岁干支神煞 / 式类干支神煞系统

中国各类术数中常见到一种特殊的系统如病符、吊客、勾陈等，叫作神煞。神煞系统亦贯穿五星术、子平术、南北派紫微斗数等星命术，但在推断中不作为主要依据，更倾向是作为古老的中国术数 / 古代天文痕迹保留其中。因很多人对其感到神秘和茫然，所以稍加介绍。从原理上来讲，它们依然属于数学循环模型，和星命术关系密切者有两大类，即太岁干支神煞和式类干支神煞系统。

太岁干支神煞由太岁而定。关于太岁的概念，有人将其与岁星混淆，实则不是一回事。岁星即木星，古代曾用它来纪年。那时将周天分成均等的十二次，然后发现木星每隔十二年都差不多回到同样的位置，于是将其每换一次当作一年的标志，十二年恰好走完一周。但这只是理想情况，木星的运行周期并不是整十二年，而且运行速度也不均匀，所以并不能完美对应每一年的实际交替。于是古人便创作出太岁的概念，恰好一年走完一次，十二年为一周，即太岁纪年法。也就是说，太岁是一颗虚拟的星。并且，太岁与岁星和其他行星的运动方向是相反的，即随天左旋，与十二辰的排布方向一致，从而也为历法和星占学提供了方便。虽然后来太岁纪年法让位于干支纪年法，但太岁的星占含义则保留在各种术数当中，因为星占学家们认为在一年之中，太岁有人君之象，是诸神之首领，它“率领诸神，统正方位，斡运时序，总成岁功”[①]，所以太岁定下之后，便可以依照十二辰的顺序依次排布太岁神煞系统中的其他十一位神煞，即太阳、丧门、太阴、官符、死符、岁破、龙德、白虎、福德、吊客、病符。关于排布的方法和这些神煞的具体含义，可参考李淳风的“四利三元”说。

式类干支神煞，为式盘或类似式盘中用到的神煞，卢央在《中国古代星占学》中暂定此名。当中与紫微斗数之算法（南派）关系密切者，一是《淮南子·天文训》所说北斗之雌/雄二神，二是《黄帝内经·灵枢》《易纬·乾凿度》所提天一、太乙二神，将在下章详细展开。

---

① 卢央著：《中国古代星占学》，北京：中国科学技术出版社，2008年，第56页。

第四章　紫微斗数之创作思路与溯源

从紫微斗数的创作原理和推算思路入手来进行学理方面的溯源，便需要对中西古代天文学史和中国传统术数有较全面的掌握，所以能深入研究者非常少。如概论所说，目前只有命理学界泰斗梁湘润和国际著名科学史家何丙郁对其有过专门探讨，这些研究和结论有值得学习借鉴之处，也有一些错误和待商榷的问题，待笔者先从南北派斗数之星曜名称来源、构成元素、推算原理等入手分析完毕，另立一章单论。

一、紫微斗数中的域外星占元素

由上章对域外生辰星占术的介绍，已知其主要构成为：①先天十二宫，即黄道十二宫。白羊宫（座）、金牛宫、双子宫……；②后天十二宫。命宫、财帛宫、兄弟宫……；③星曜以及各自星情。日、月、金星、水星、火星、木星、土星（罗睺、计都），各星有各自的“性格特点”和代表事务。基本推算规则：①后天十二宫的属性。强宫、弱宫、吉宫、凶宫；②星曜本性。吉、凶、中性；③星曜状态。庙、旺、弱、陷；④星曜间相位。刑（90度）、冲（180度）、三合（120度）、六合（60度）、合相（0度）。

（一）北派斗数

第一章分析北派斗数的构成元素，与其一致者为：②后天十二宫，并且顺序完全一致；③星曜以及各自星情，但星曜不再是实际行星，而是虚拟星曜。基本推算规则与其一致者：①后天十二宫的属性。强宫、弱宫、吉宫、凶宫，且七强五弱的划分完全一致，即命宫、田宅、妻妾、官禄、男女、福德、财帛为七强宫，相貌、奴仆、兄弟、疾厄、迁移为五弱宫；②星曜本性。分九吉星和九凶星，与域外星命术有差异，但可能借鉴其行星吉凶属性；③星曜状态。各星均有庙、乐、旺三种属性，与域外星命术有差异，但本质相同（图 4–1）；④星曜间相位，同宫、三方四正，与域外星命术中的主要相位一致。

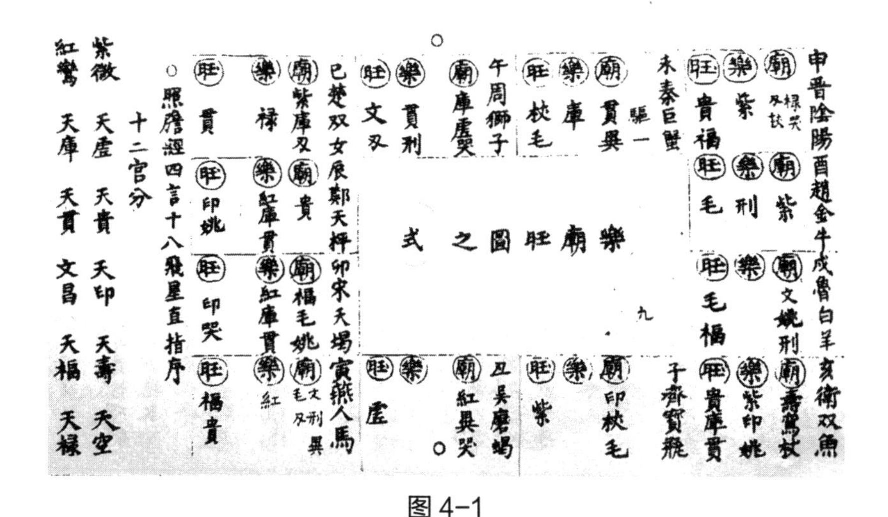

图 4–1

由此可见，北派斗数虽然在创作中摒弃了域外星命术中的实际星曜而代以十八颗虚拟主星，但从星盘形态、构成元素和主要推算法则来说，依然未摆脱域外星命术的影响。尤其是在上图中，还可以看到最具域外色彩的黄道十二宫的名字，并且在正文中也多有提及，比如论天贵星时说“天贵在申：天贵守阴阳，立志有维纲，初年未发达，晚岁见名扬”；“天贵在酉：贵骑金牛上，清奇古怪人，何愁衣禄浅，声誉播朝廷”，其中“阴阳”即如今翻译成双子者。又如卷 1《定生死诀》“假如狮子为命，其行限到之宫，天哭在宝瓶，对照交限之年末便可言死……天哭在人马寅宫，限亦至人马寅宫，亦可言死……” 但是要注意，如同实际行星转换成虚拟星曜，北派斗数中提到的这些黄道十二宫名已不再是原本的天文含义了，其内核已经悄悄变成中国的十二支 / 十二辰，只是偶尔保留些虚名。下面会细说这一点。关于北派斗数对域外星命术的吸收，可以参考何丙郁《“紫微斗数”与星占学的渊源》[①] 一文，当中便从具体推算原则入手来分析北派斗数中的古代西洋和印度生辰星占术元素。

另外，第一章排盘法中还有一暂时搁置的问题，即身宫的排法。依照口诀，北派斗数是先排出天杖星，然后“单从杖上起初一，不问阴阳男女逆，两日之半行一宫，数至生日身宫住，”即从天杖所在宫开始，每隔两日半逆走一宫，直至数到盘主的阴历生日，就是身宫所在。实际上，

---

① 何丙郁著：《何丙郁中国科技史论集》，辽宁：辽宁教育出版社，2001 年，第 239—256 页。原书注此篇最早发表于《历史月刊》第 68 期，1993 年 9 月，第 38—50 页。

这种身宫的含义也来自五星术。而五星术中的身宫则来自域外星命术，即盘主出生时月亮所在的黄道位置（十二宫/星座）。月亮走完十二星座（十二宫）恰好三十天（理想情况），平均两天半走一宫，这就是北派斗数身宫排法的天文原理。

其实如果熟悉五星术，会发现北派斗数的很多内容和论法都接近五星术。但是，它比五星术更成功之处在于，一是大胆将实际星曜换做可用简单数学模型推算的虚拟星曜，二是剔除了五星术中过分繁杂的内容而使得实操难度大大降低，更方便使用和流行。

（二）南派斗数

第一章分析南派斗数的构成元素，与域外星命术一致者为：②后天十二宫。但要注意，南派斗数的十二宫顺序与所有星命术都不同，这里只是借鉴了其形式和各宫含义；③星曜以及各自星情，但星曜不再是实际行星，而是虚拟星曜。基本推算规则与其一致者：③星曜状态。各星均有庙（旺）、陷（平）几种属性，与域外星命术有差异，但本质相同；④星曜间相位，同宫、三方四正，与域外星命术中的主要相位一致。

至此，可以非常清晰地看出，南派斗数在独创性和本土化方面，比北派斗数更进了几步，表现在：①彻底剔除了黄道十二宫，虽偶尔出现名称，但较罕见；②给后天十二宫按照全新的逻辑重新排序；③后天十二宫不再分强弱（虽然文中偶有提及强弱之词，但极少），而是根据落入的星曜状态来判断该宫位代表事务的吉凶；④星曜本身不再有明显的先天吉凶属性，而是根据庙、陷状态或者与其他星曜的关系来判断吉凶，更具吉凶转化之哲学思辨性。另外，星曜间的相位本质上就是十二支的刑、冲、三合，这种观念在中国很早便已产生并作为基本概念贯穿所有本土术数，所以不一定是受域外影响。而星曜之星情，即赋予星曜一些人格化特征的做法也是中国古代星占术的传统，像上一章提到北斗七星、金星入占的例子都是如此。而接下来将分析的南派斗数各星曜的名称和星情，是至少可以追溯到隋唐时期的，所以说，这种论法也不能说绝对来自域外。由此可见，南派斗数真正确定保留的域外元素只有星盘的整体形式，即后天十二宫的名称和含义（但顺序也不同了）以及星曜的庙、陷等状态。至于最具域外色彩的黄道十二宫则被大胆地彻底摒弃，故而在星命术的本土化方面比五星术和北派斗数有了更进数步的实质性突破。接下来分析独属中国天文术数的部分。

二、紫微斗数中本土术数元素、来源及数理思路

（一）十二宫 / 十二地支方形盘的演变

上一章介绍了西洋生辰星占术的基本构成和原理。很多人默认其星盘都是圆形，只有紫微斗数才是方形盘。实际上，欧洲以及波斯中世纪的星盘也常以方形绘制，如何丙郁引矢野道雄《密教占星术》所刊星图（图 4–2），其中（a）（b）是欧洲中世纪星图，（c）是波斯中世纪星图，（d）（e）（f）是现代印度占星所用星图。

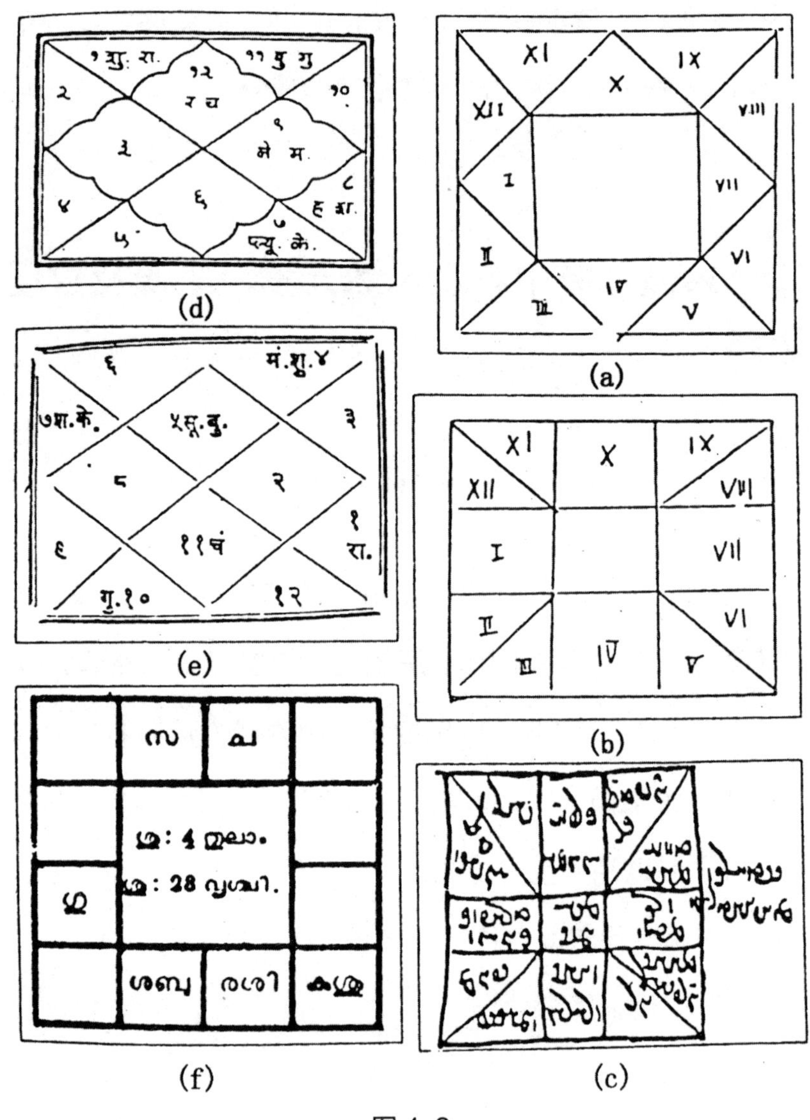
(d)
(a)
XI
X
IX
XII
VIII
I
VII
II
VI
III
IV
V
(e)
(b)
XI
X
IX
XII
VIII
I
VII
II
VI
III
IV
V
(f)
(c)

图 4-2

至于为何古代不论中外都倾向以方形绘制，笔者认为最直接的道理就是方形比圆形好画。当然，域外星命术的方形盘与紫微斗数的方形盘还是有差异的，不像后者是均等的十二个小方格子。前面章节已经说明紫微斗数至晚在明代产生，那么，既然已经借鉴如后天十二宫名称之域外元素，按理来说星盘样式也该顺便承袭其圆盘或者方形盘的样子，但显然不是这样。实际上，紫微斗数的这种方形盘之雏形在中国很早就有，应该是十二地支/十二辰与九宫八卦混合的产物。另外，上面（f）盘即现代印度的一种星盘与紫微斗数的星盘形式完全一致，但这就不能说是紫微斗数受印度影响了，而更有可能是后者向中国借鉴的结果。不过当中的十二宫依然保留原来黄道十二宫的含义，只借鉴形式罢了。从此也能够看出，自古中外科学文化交流的多向性和开放性。

具体来看十二地支/十二辰与九宫八卦。首先是十二地支（十二辰），虽然后来作为约定俗成的符号系统贯穿整个中国文化，实际上最早是来自古代天文学。《淮南子·天文训》《汉书·律历志》就有对十二地支（十二辰）的解释，如《淮南子·天文训》："帝张四维，运之以斗，月徙一辰，复反其所。正月指寅，十二月指丑，一岁而匝，终而复始。指寅则万物螾也，指卯，卯则茂茂然。……”这段话虽短，但非常精练地解释了几个关键概念。前面说过，中国古代天文学 / 星占术区别于域外星占术最重要的一点，就是我们非常看重北极 / 北斗的地位，所谓“帝张四维”，帝即北极附近最亮的星，因为周围群星都绕其运行，所以便拥有了至高无上的地位，紫微斗数中的紫微星，最早指的也是这颗帝星（后来有其他含义，下面详说）。虽然帝星因为距离北极的远近和亮度增减曾有过更换，但“天帝”的星占含义是保留下来的。然而，要将帝星的指挥作用与人间的季节、气候、时间联系起来是没有办法简单观测的，于是北斗七星（九星）就成了天帝的一种代理工具，观看斗柄旋转中的指向即可判断时间、方位等，所以说天帝“运之以斗”。这时便以北极为圆心，划分出十二等份，每份叫一辰（支），走完十二辰恰好一年，再重复这个过程，周而复始。按照规定，阴历的正月斗柄所指即寅，二月指卯，三月指辰，从而将斗柄的运行与时间变化联系在一起。一般认为，这就是十二辰的本来意义，而斗柄所指也称作“月建”，所谓正月建寅，就是月建在寅。但细心者会发现，按照太阳回归年一年约 365 天，而按照阴历月的 12 个月一年约 355 天，也就是说，十二辰是不能完全对应十二个阴历月的，这在历法可用置闰解决，但很多星占家/术数家却不在意，依然选择这样用下去，从而给后世学者带来很多困扰。如今很多用心钻研术数原理的学者也注意到了这些问题，并消耗很多时间精力来寻找其中道理。看到这里便应该释然，即星占术（包括其他一些术数种类）从源头就存在诸多模糊和不精确之处，没必要再苦思冥想如何将其与实际星象严丝合缝地对应起来，只用最初设定的规则和思维就好。

十二辰和十二地支共用一套名称，不仅用来指示时间，还配以方位、音律、五行、八卦等而成为包容世间诸多事物的庞大体系。在此必须解释一下，很多时候这两者并不完全相同，要视具体情况来领会其真正含义，尤其是与天有关用十二辰，与地有关则用十二支。因为常见到混淆而错解的情况，故稍加说明。而用方形图来绘制十二地支，也是很早就有了，只是受九宫八卦影响（见上章），在早期都是以九宫格为盘。然而，要将十二地支纳入八个宫（不入中宫），该如何操作呢？这也难不倒古人，只要将各支画在两宫交界处即可。如音律配地支图（图 4-3）。

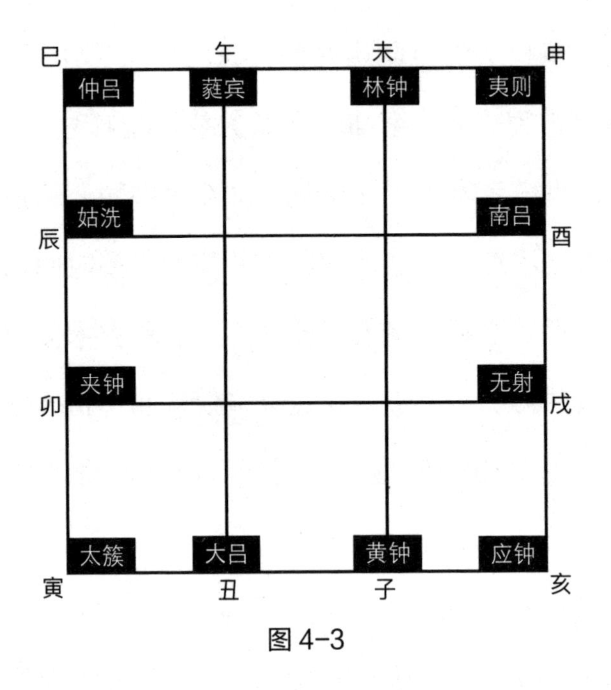

图 4-3

域外星命术中的黄道十二宫以及中国的十二地支（此处指干支纪月中的地支，又或者等同于月将，即以太阳运行来划分）都是将一年均分十二等份，这就使两者间一一对应成为创作思路中的一种必然，最典型者即五星术，北派斗数的庙旺乐图（图 4-1）中也有体现。而因为两者的重合性，十二地支便逐渐替换掉黄道十二宫。这时，再将九宫格之横向纵向各扩展一格，把小方格交角处的地支名挪入新增加的格子里，即顺理成章地成为紫微斗数的方形盘（图 4-4）。这种盘与古老的九宫八卦以及上章介绍的式盘等一脉相承，在外形上便更像中国本土星命术了。而上溯至唐宋五星术，依然是承袭域外星盘的基本样式。因此，从紫微斗数十二地支方型盘的角度来看，在本土星命术之独创方面又进了一大步。

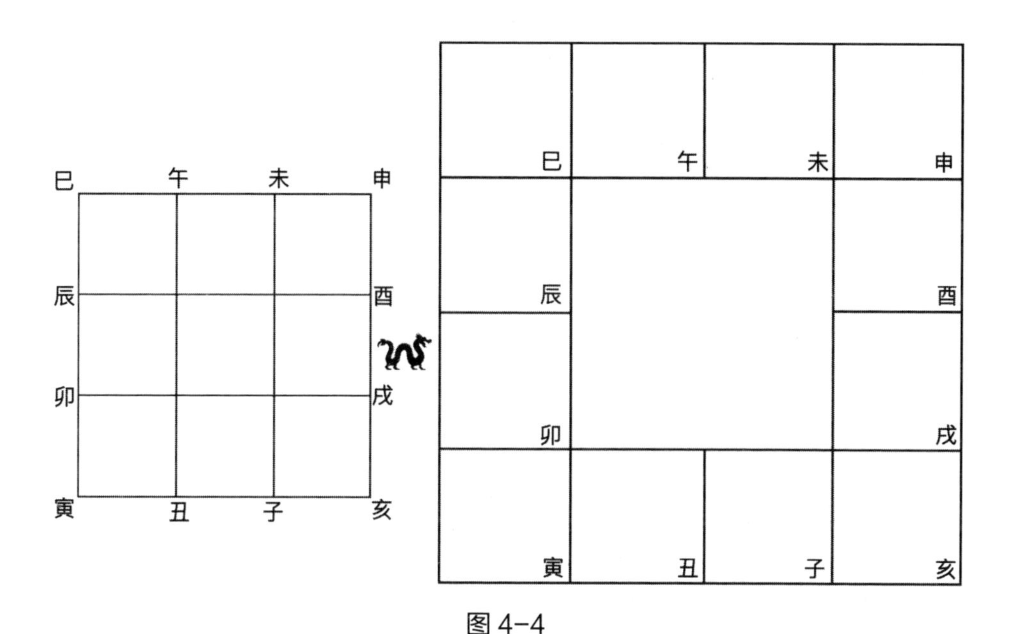

图 4-4

（二）星曜名称及含义之天文学溯源

前面梳理并归类了紫微斗数的各种版本，又用科学史的典型研究方法——比较几种星命术的具体构成与推算原理来分析紫微斗数对之前星命术的吸收融会，从而对其进行年代和创作上的溯源。然而，以目前所见古籍版本只能上溯至明代，从星命术之发展史和原理切入则至早在隋唐域外星命术传来之时，然后便不能再上溯了。这便是当下紫微斗数研究卡顿的真正原因。实际上，我们只需要新添两种思路，一是考据其所用星曜名称之来源，二是继续上溯至隋唐之前的中国古代天文学和星占学，便能打开全新视角而发现诸多线索。

首先，之所以称紫微斗数，其核心必然是“紫微”和“斗数”，那么便从这里入手。“紫微”一词来源甚早，在《春秋·合诚图》便已出现：“北辰，其星五，在紫微中”，而“北辰”如《尔雅·释天》解释“北极谓之北辰”，也就是说北极（北辰）共由五颗星组成，在紫微当中。这里的紫微还不是一颗星，而是一片区域，称作紫宫或者紫微宫。从地面观察，北极的位置看似常年固定不变，而其他诸星都围绕它们旋转不停，所以地位最尊贵，如《晋书·天文志》“北极五星，勾陈六星，皆在紫宫中，北极北辰最尊贵也，”《观象玩占》“北极五星在紫微宫中，一曰天枢，一曰北辰，天之最尊星也。”北极这五颗星各有名字，北极一星称为太子，北极二星称为帝星，北极三星称为庶子，北极四星称为后宫，北极五星称为纽星。之所以称北极二星为帝星，是因为它在公元前 10 世纪左右最靠近北天极，并且比较明亮（《晋书·天文志》“谓最赤明者”），故身份自然最为尊贵，即《史记·天官书》说“其一明者，太乙常居也”。到公元四五世纪，虽然北天极由于岁差而移位到其他星附近，但因为不如北极二星明亮，所以其依然保持为“太乙所居”和“帝星”的称号。至于紫微和太乙的关系，《春秋·合诚图》说：“紫微，大帝室，太乙之精也”，即紫微不仅为太乙大帝之室，还是太乙所化之“精”，这就将太乙、帝星与紫微更密切地联系起来。后来紫微斗数将紫微作为单独的一颗星来代表帝星，源头大概就在这里。另外，之前介绍三式时所说的太乙式之“太乙”也出自这里，卢央说后来太乙式发展出推算个人命运的太乙人道命法，何丙郁说紫微斗数可能由其而来的依据也在于此。至于有没有道理，放在第六章细说。

“斗数”之“斗”指北斗和南斗，尤以北斗为重。北斗星同北极/北辰/紫微一样，在中国古代天文星占乃至整个文化中有非常漫长的历史和极高的地位。《夏小正》记载：“正月初昏，斗柄悬于下；六月初昏，斗柄正在上，”即是说正月初昏时北斗斗柄指向下方，到六月初昏时斗柄则指向上方。依照这种规律，便可以通过观察黄昏时斗柄的指向来大概判断季节和月份。另外，因为北斗每日都要绕行一周，后来也有用来判断时辰。由此，便确立了北斗指示季节时令的作用，并因而有了“将它置于超乎其他星宿之上地位的趋势”[①]。至于南斗之斗宿虽然看似属于二十八星宿体系，但其星占意义却更像是作为北斗之阴阳对立面来使用，放在下面一节详细解释。

而北斗与紫微又是如何建立联系的呢？首先，在《步天歌》三垣二十八宿系统里，北斗本身就是属于紫微垣的星官。北极五星同属紫微垣，其中第二星作为帝星虽然也绕北天极旋转，但因为运动不明显，不能突显其掌管众星曜和人间诸事务的重要功能和尊贵地位，便将其与能够指示节令并易于观察的北斗星联系在一起，认为北斗星是天帝驾驭的车，在帝星的指挥下不断周游而代行任务。[②]如《春秋·文曜钩》：“中宫大帝，其精北极星，含元气出，流精生物也。一曰，其北极星下一明者，为太乙之光，含元气以斗布常”，即是说北极星二（帝星）作为“太乙之光”来运作北斗。上面说过，紫微在后来的星占中逐渐分化出帝星的含义，由此北极帝星—北斗之关系便顺利过渡为紫

① 卢央著：《中国古代星占学》，北京：中国科学技术出版社，2012年，第102页。

② 卢央著：《中国古代星占学》，北京：中国科学技术出版社，2012年，第134页。

微星—北斗之关系。所以《捷览》开篇介绍紫微星便说："紫微乃中天星主，为众星之枢纽，人命之主宰"，此处紫微就明确成为帝星了。

关于北极星和北斗星之入占，早在战国《甘石星经》时期便已出现，并在之后逐渐细分出多种占测方法。在此要格外强调，对于北极和北斗的这种重视是中国所独有的，于西方则如李约瑟在《中国科学技术史》中所说，与其他星座几乎是同一层次而无任何特殊之处的。也因此笔者一直强调，紫微斗数（南派）对于南北斗星曜名称及含义的启用，是中国真正摆脱域外星命术、创作出本土星命术的最重要的标志。

最后，"斗数"之"数"则是星曜数目之数、数理之数、象数之数，以及前面所说星占原理中的数学模型，这也是中国术数的精髓与核心，接下来结合具体例子来阐释。至此，"紫微斗数"在古代天文学之名称来源、含义与演变就大致解释清楚了。不过，它们在南北派斗数中的体现和应用差异很大，以下各自分析。

1. 南派斗数

《捷览》开篇即介绍紫微斗数所用的全部星曜并分为

北斗、南斗、中天诸吉与中天诸凶四张图表。第一张“北斗星图”将紫微星列为北斗星主，说“紫微乃中天星主，为众星之枢纽，人命之主宰”，显然，这里的紫微便是上面所说的帝星或太乙。至于其他主要星曜的名称及含义如何而来，也是经历一个发展过程的。北斗各星的名称早先出现在战国《甘石星经》时，为“天枢、天璇、天玑、天权、玉衡、开阳、摇光”，其时占测方法非常简单，基本是通过各星的明亮程度来判断吉凶，上一章讲实际星曜的占测时有所提及。由于北斗星的特殊地位，古人当然会尝试赋予它们更多样的名称和意义来入占[①]，比如隋代萧吉《五行大义》引《孔子元辰经》说：“北斗第一神，字希神子。第二神，字贞文。第三神，字禄存子。第四神，字世惠子。第五神，字卫不邻子。第六神，字微惠子。第七神，字大景子。”又说：“一名阳明星，二名阴精星，三名真人星，四名玄冥星，五名丹元星，六名北极星，七名天开星。”又引《遁甲经》说：“一名魁真星，二名魁元星，三名权九极星，四名魁细星，五名刚星，六名魍纪星，七名飘玄阳星。”又引《春秋·佐助期》说北斗七星之名为：

---

① 卢央著：《中国古代星占学》，北京：中国科学技术出版社，2012 年，第 108 页。

“第一星神名执阴，姓颈梁。第二星神名斗谅，姓伊偶当。第三星神名拒理，姓英理许。第四星神（厥）。第五星神名防作，姓鸡尹堵。第六星神名开宝，姓蚩，一名苍儿部。第七星神名招，姓肥脱络冯。七星之名，并是人年命之所属。”到《酉阳杂俎》则出现了上述混合之星名：“北斗魁第一星神名执阴，第二星曰叶诣，第三星曰视金，第四星曰拒理，第五星曰仿作，第六星曰开宝，第七星曰招摇。”等等。

而首见南派斗数所用的北斗星名，大概是《五行大义》引《黄帝斗图》时：“一名贪狼，子生人所属；二名巨门，丑亥生人所属；三名禄存，寅戌生人所属；四名文曲，卯酉生人所属；五名廉贞，辰申生人所属；六名武曲，巳未生人所属；七名破军，午生人所属。”到唐《开元占经》引《易斗中》说“北斗第一曰破军，第二曰武曲，第三曰廉贞，第四曰文曲，第五曰禄存，第六曰巨门，第七曰贪狼”，虽然名称与《黄帝斗图》一致，但顺序完全相反，不过由此可以确定，术数当中对于北斗七星的这套名称至少在隋唐就开始使用了。道教对它们的吸收并应用于斋醮科仪也差不多在同一时期，如唐僧一行修述的域外天文著作《梵天火罗九曜》后附《葛仙公礼北斗法》，便说“从王侯及于士庶，尽皆属北斗七星，常须敬重，当不逢横祸凶恶之事……”，而北斗七星对应不同生年的人，人们可礼拜自己所属星神来祈福攘灾，如子年生人应礼贪狼星，亥年和丑年生人应礼巨门星等。葛仙公应指晋代高道葛玄，可见这套命名与道教关系密切。而极受道教重视的《北斗经》也是使用这套北斗七星名并对应不同生年的人，内容与《五行大义》《葛仙公礼北斗法》一致：“北斗第一阳明贪狼太星君，子生人属之。北斗第二阴精巨门元星君，丑、亥人属之。北斗第三真人禄存真星君，寅、戌生人属之。北斗第四玄冥文曲纽星君，卯、酉生人属之。北斗第五丹元廉贞纲星君，辰、申生人属之。北斗第六北极武曲纪星君，巳、未生人属之。北斗第七天关破军关星君，午生人属之。”这时再说排列顺序的问题，南派斗数《捷览》《全书》中北斗七星的顺序均与《葛仙公礼北斗法》《北斗经》一致，即贪狼为第一星。另外，到《北斗经》时，北斗各星的名字出现了混合特质，为“北斗第一阳明贪狼太星君、北斗第二阴精巨门元星君、北斗第三真人禄存星君，北斗第四玄冥文曲星君，北斗第五丹元廉贞星君，北斗第六北极武曲星君，北斗第七天关破军星君”，“阳明”“阴精”等词即出自上面《五行大义》引《孔子元辰经》对北斗七星的命名，并指出贪狼、巨门等分别对应早先系统的天枢、天璇等。再如《道藏·太上飞行九神玉经》[①]说北斗各星："第一天枢星则阳明星之魂神也；第二天璇星则阴精星之魂神也……"也是用最早的天枢、天璇系统来搭配"阳明星""阴精星"为北斗各星命名。

《捷览》所用北斗七星基本承袭了《北斗经》中的命名法，稍有差异："北斗第一贪狼阳明之星，北斗第二巨门阴精之星、北斗第三禄存掌禄之星，北斗第四文曲科甲之星，北斗第五廉贞丹元之星，北斗第六武曲司财之星，北斗第七破军天关之星。"由此可知南派斗数应该出于《北斗经》之后，并且确实如前分析来自道教。不过据《葛仙公礼北斗法》《北斗经》等，这时北斗各星掌管的还是不同生年的人，比起后来南派斗数根据个人出生之年月日时来起盘推算，显然是相当简单粗糙的。

再说南斗系主星即天机、天相等南斗六星，它们的名气和地位虽不如北斗七星，但也是比较重要的。隋代《步天歌》总结前人所著星经将全天空分为"三垣二十八宿"

① 此处稍提一句，北斗在术数上亦有北斗九星之说，也非常重要。因与本书关系不大，暂且不表。

系统，成为之后一千多年我国观测星象的基础[①]。北斗七星和北极五星都在最尊贵的紫微垣当中，而南斗只是二十八星宿中的一宿即斗宿，但地位又高于其他星宿，如《史记·天官书》说“南斗为庙”，《甘石星经》说“南斗天子寿命之期也，故曰将有天下之事占于南斗也”。到唐李淳风《晋书·天文志》，南斗六星已经有了各自的名称与功用：“南斗六星，天庙也，丞相太宰之位，主褒贤进士，禀受爵禄。又主兵，一曰天机。南二星魁，天梁也；中央二星天相也；北二星，天府庭也，亦为寿命之期。”当中天机、天梁、天相、天府都与南派斗数中的南斗星系名称一致，连一些星曜性质如天机主兵、天府主寿也是一脉相承。道教对于南斗亦有明确的信仰，但重视程度远不如北斗，基本只有一部《太上说南斗六司延寿度人妙经》[②]比较出名，当中列举南斗星曜：“南斗第一，天府司命上相镇国真君；南斗第二，天相司录上相镇岳真君；南斗第三，天梁延寿保命真君；南斗第四，天同益算保生真君；南斗第五，天枢度厄文昌炼魂真君；南斗第六，天机上生监簿大

---

① 卢央著：《中国古代星占学》，北京：中国科学技术出版社，2012 年，第 155 页。

② 《道藏》，文物出版社、上海书店、天津古籍出版社联合出版，1988 年，第 11 册第 350 页。

理真君。”《捷览》“南斗星图”说南斗六颗正星为“南斗第一天机益寿之星、南斗第二天相司禄之星、南斗第三天梁司寿之星，南斗第四天同益算之星，南斗第五七杀上将之星，南斗第六文昌魁名之星。”虽然此南斗六星与《南斗经》中六星有些许出入，但能够确定亦是一脉相承。此处注意，天府星在《南斗经》和《晋书·天文志》中都是作为南斗六星之一，到《捷览》中便升级成南斗星主，与北斗星主的紫微星相提并论了。这其实是中国术数典型的阴阳对称思维，大概来源于北斗之雌斗/雄斗二神，下面细说。至于南斗六星中天府星空下的一个位子，则让七杀星补上了。

最后说中天主星太阳和太阴。通过前面安星法可知，这两颗星虽有日、月的含义，实际上与紫微/天府这两颗南北星主之外的其他主星地位是相同的，要等紫微/天府的位置确定之后，才跟着依序排布。由此也可再次证明，一是太阳、月亮这样重要的行星在南派斗数中也不再是真实星曜而转为数学化的虚拟星曜，二是斗数不再像域外星命术那样以太阳（黄道）、月亮（身宫）为核心，而是尊北斗、南斗尤其是北斗星主紫微星（北极/帝星）为最高“领袖”与算法核心。另外，虽然紫微斗数中的南北斗主要星曜名称与实际天文中的南北斗各星基本对应，但从第一章安星法可知，斗数中的各星依旧是数学化的虚拟星曜，并且排布时是南北斗各星穿插混合的，与南北斗之实际运行和各星排列不是一回事。

最后说一下《北斗经》和《南斗经》。这两部经典尤其是《北斗经》在道教中有很高地位，虽题为天师道创始人张道陵著，关于其真实创作者和创作年代学界一向持不同意见，从汉到唐宋各有其理，感兴趣者可自行查阅相关论文，此处不展开讨论。两部经中的南北斗星曜与推算个人命运关系不大，主要是被道教纳入斋醮科仪来攘灾祈福并作为传统承袭下来，如《中天紫微星真宝忏》[①]："臣等皈依，恭修宝忏，望皇灵而稽首，仰斗极以倾心……皈命朝礼，仰望紫微……荡除三业，清净六根，……北斗天枢阳明贪狼星君，北斗天璇阴精巨门星君，……南斗天府司命星君，南斗天相司录星君……"

总之，从隋唐起，不论是天文/星占学家还是道教均对北斗七星和南斗六星越发重视，南派紫微斗数中所用的主要星曜名称也基本在这一时期确定下来。如前面所说，

① 《道藏》，文物出版社、上海书店、天津古籍出版社联合出版，1988年，第34册第753页。

域外星命术也正在隋唐传入中国并产生较广泛影响，在这样条件具足的背景下，由精通术数者创造一种以南北斗星曜为基础架构的中国星命术即南派紫微斗数便成为可能。此时再回想南派斗数通过陈抟—白玉蟾—陈道—罗洪先这一系列道教人物的传承，可以更加确定其创作者就是道教中人。这里还要注意一个重要细节，即宋代《乾象新书》所列星官比起唐代《开元占经》和《晋书·天文志》多出一类，称为“紫微星官”，收有石申、甘德、巫咸三家共三十六座紫微星官。可见宋代对于紫微之重视超过前朝，也为后来紫微斗数之创作做好铺垫。

另外，佛教道教为争取信徒常期处在竞争关系，前面说到域外星命术最早由佛经传入，并有僧一行、不空这样杰出的天文学 / 术数学家作为僧人代表，那么自古便以各种术数见长的道士们自然不甘落后，因此努力创作出一种以本土术数和宗教为主的成熟星命术来与之比试对抗，便顺理成章地成为必然。至于当中有怎样精彩的发挥，之后详细阐释。

2. 北派斗数

北派斗数所用十八颗主星分三组分别为紫微、天虚、天贵、天印、天寿、天空、红鸾、天库、天贯、文昌、天福、天禄；天仗、天异、毛头、天刃；天刑、天姚。除去紫微星与南派斗数之北斗星主名称相同，以及文昌星与南斗正星之文昌星重名，其他星曜便都与南派斗数中的南北斗主要星曜不同了。其他如天寿、天贵、红鸾、天虚、天刑、天姚虽然也出现在南派斗数中，但属于中天杂曜而不作主要推断用，并且安星规则也不相同。

关于北派斗数这十八颗主星的来源，目前看很可能来自五星术当中的变曜。这些变曜的名称分别为天禄、天暗、天福、天耗、天荫、天贵、天刑、天印、天囚、天权。其中天贵、天印、天福、天禄为两者共有，且意义相似。不过由排布规则看，是不能一一对应的。五星术中的变曜是根据个体出生年的年干来将各变曜分配给不同的行星，然后通过对应行星的状态来推算吉凶。口诀为“甲火乙孛丙属木，丁是金星戊土求，己人太阴庚是水，辛炁壬计癸罗睺；禄暗福耗荫，贵刑印囚权”，比如甲年生人，则火星变天禄，月孛变天暗，木星变天福，金星变天耗，土星变天荫，月亮变天贵，水星变天刑，紫炁变天印，计都变天囚，罗睺变天权。而北派斗数之排法，依照第一章安星法：“又从未上顺数子，遇着生年便布紫。虚贵印寿逆相逐，空鸾库贯文福禄，”即紫微星的位置是以出生者的年支来决定的，并且排好紫微星后，接下来天虚、天贵、天印、天寿、天空、红鸾、天库、天贯、文昌、天福、天禄这一大串也就顺序排布完毕。由于五星术当中的日月五星是真实运行的，所以由行星所变之曜如天禄、天暗、天福等也是来自真实星象，而北派斗数之主星则是依照数学模型来排布的虚拟星曜，故两者必然不能对应。但是，五星术的变曜规则由年干决定——这也是它将中国术数之数学循环思维加入域外星命术而进行本土化改造的尝试，北派斗数排布紫微星及之后诸主星的规则是由年支决定，便很像是借鉴前者的创作思维了。从这种排布方法的底层逻辑看，北派斗数之主星的确像来自五星术之变曜。

至于北派斗数中的紫微星，道藏版《紫微斗数》卷 1 在介绍十八星时说：“星名紫微，子上安居，男子学堂学馆，女子织锦刺绣……”，又说“紫气逢之紫气宸，吉星同照倍精神。孤宿天冲闲极位，主为僧道九流人。……紫气清闲艺术人，能文能武多谋略”。“紫气”即“紫炁”，这似乎是将紫微星与五星术中“四余”之一的紫炁混淆了。《张果星宗》十三中说到紫炁星时有“紫炁总论”：“天乙紫炁续木之余，在天无象，……若人身命宫值之，更在庙旺，无凶照破，处世富贵，……若临陷没，亦九流僧道，其星为孤星，主人心孤身寡……”[①]显然，依照以上含义来比对，北派斗数中的紫微星就是来自五星术中的紫炁。《紫微斗数》卷2“洞微十八星断”中又介绍紫微星说“紫微星一名紫气，太阳玉堂少微近待贵人。晋志云此星居帝垣之中，至尊至贵，吉，能制。”这便直接说紫微星就是紫气了。实际上，紫微星与紫气的确有关系，《易纬·乾凿度》说：“太乙者，北辰神名，居其所曰太帝，行八卦日辰之间曰太乙或曰天一。”太乙或天一就是前面说的常居紫宫的帝星，也即南派斗数中的紫微星，但是它在紫宫里面待着的时候叫“太帝”，出来沿着八卦（前面说的九宫八卦）巡游时，就叫作天一或者太乙了。天一又叫天乙，所以上面《张果星宗》在“紫炁总论”说是“天乙紫炁”。从这个角度，北派斗数说的紫微星也叫紫气，同样为帝星，是没有问题的。另外，这个“洞微十八星断”中的洞微一词首见于《张果星宗》“洞微百六限”，是五星术中讲命主所行大限年份的，应该也是北派斗数从中所吸收的名词。

综上，基本可以确定北派斗数所用的主要星曜就是来

---

① 郑同点校：《星命》，北京：华龄出版社，2008年，第301页，《星命会考十五·张果星宗十三》。

自五星术。但除了紫微星外，其他星曜与北极星、南北斗各星曜似乎看不出有什么关系。既然没有“斗”，还要称名“斗数”，着实有些名不副实。也因此，笔者推测是先有南派之“紫微斗数”，北派借其名又创作了一种以五星术为基础的星命术。

（三）中国术数元素及数理规则解析

1. 北派斗数

北派斗数的数理规则比较简单。依照第一章安星法，十八颗主星可分三个部分来排：①紫微、天虚、天贵、天印、天寿、天空、红鸾、天库、天贯、文昌、天福、天禄，共十二颗。先排紫微星，是依照盘主的年支推算排布，确定位置后逆行一宫安一星。也就是说，同一年生人的紫微星等十二颗星都依次在相同的宫。②天杖、天异、毛头、天刃共四颗。先排天杖，是依照盘主的出生月（阴历）来推算排布，确定后逆行一宫排一星。③天刑、天姚，也是按照盘主的出生月（阴历）排布。也就是说，相同月出生的人② ③这六颗星所在宫相同。这种依照年、月（日、时）排好一颗星曜，然后在十二宫（支）依顺序排布一串星曜的思维，就根源来讲是来自前面说的太岁神煞与式类神煞，只不过是将那种数学循环模型套在了星曜排布上。这是星命术本土化的重要一步，南派斗数的星曜排布也是这种思路，只是更复杂一些。

其他术数元素，最明显和典型处便在于赋予星曜阴阳五行的含义。如第一章所列，将十八颗星分为九阴星和九阳星，推断时“阳星在阳宫、阴星在阴宫吉，阴星在阳宫、阳星在阴宫凶。”又说紫微属木、文昌属木、天福属土、天禄属木等，然后由五行生克关系来参与论断，不过并不作主要依据，最主要的论法还是域外星命术庙旺陷弱、三方四正那一套。五星术当中也有这些阴阳五行的元素，且发挥得比北派斗数还要多，因此不能算其独创。至此，终于可以说，北派斗数不论从星曜名称（年干变曜）还是具体论法（庙旺陷弱、三方四正、身宫等）都是承袭五星术的很多内容和思路。加上“论次序”中提到还要同时参考八字，所以，尽管它努力尝试创作一种本土星命术，但还是因为未摆脱域外星命术及其他禄命术（子平术）的影响而不算太成功。笔者认为，这也是为什么北派斗数没有像南派斗数那样，自清末流入坊间就盛行整个华人术数界的最主要原因。

2. 南派斗数

第一章讲南派斗数起盘法，排布原理与北派斗数差别很大，是要先确定命宫（继而身宫由命宫确定）。由命宫所属五行局，再根据书中提供的五张五行局表查命主出生日所在宫，即紫微星所在宫。北斗星主紫微星排定后，南斗星主天府星所在宫便随之排定，然后各主星都依照安星诀排布出来。虽然规则看起来简单，但当中蕴含非常多的中国古代天文和术数原理。

（1）命宫与月建

首先，命宫由盘主出生的月和时辰决定。同一个月中，每天同一时辰（比如寅时）出生者的命宫都是相同的，然后每过一个时辰命宫便移动一宫；到下个月，同一时辰生人（寅时）的命宫与上个月比则移动一宫，然后在此基础上，每过一个时辰命宫又移动一宫。按照第一章所给例子，盘主在正月寅时出生，则命宫在子，那么正月任何一天寅时出生的人命宫便都在子。二月寅时出生者，依照排命宫法则命宫在丑，比子进一位，则二月任何一天寅时出生的人命宫都在丑。依此类推。

如果理解了前面所讲域外生辰星占术的原理，就会明白南派斗数的命宫按照数学原理来说就是前者的上升星座（也称命宫）。但因为中国星命术是按照时辰即以两小时为单位来划分宫位，西洋占星术则以四分钟一度，出生时上升点卡在哪个黄道宫即以该宫为命宫，所以有时会与南派斗数（包括五星术）排出来的命宫有一个宫的差别。但这并不能说南派斗数排命宫的这种思维就肯定来自域外星命术，因为按照排命宫口诀，"大抵人命俱从寅上起正月，顺数至本生月止，又自人生月起子时，逆至本生时安命"，这种将月（或者日、时、年）加在地盘上然后数数的思维早在式盘如六壬式排四课时就有体现。

实际上，南派斗数之命宫很有可能是由月建而来。前面介绍十二辰时提到过月建，即北斗星斗柄所指，用来指示时令。由于这样的功用，星占家便认为月建是一个重要的神，是诸神之主帅，又谓"月中天子"。[①]《淮南子》说"帝张思维，运之以斗，月徙一辰，复反其所。正月指寅，十二月指丑，一岁而匝，终而复始，"即是说月建每个月沿地支顺行一辰（在斗数盘为一宫），十二个月走完一周（当然，如前所说，这只是占星家理想的情况，实际上十二

① 卢央著：《中国古代星占学》，北京：中国科学技术出版社，2012年，第115页。

月建不能对应十二个阴历月）。关键点在于，排命宫诀说“大抵人命俱从寅上起正月，顺数至本生月止”，而月建就是“正月指寅”，两者的起点恰好都在寅月即正月。“顺数至本生月止”，便正好是盘主出生月的月建所在。比如说盘主出生在四月，则从寅宫起正月，顺数二、三、四月，在四月即巳宫止；而月建正月在寅，二月在卯、三月在辰、四月在巳，即盘主出生时月建在巳宫。又知道北斗星每天旋转一周，即一个时辰旋进一辰（宫），那么知道一个参照物比如子时斗柄所指的宫，就可以推算出其他时辰斗柄所指。再继续看排命宫诀“又自人生月起子时，逆至本生时安命”，即将盘主出生的月建所在宫定为子时斗柄所指，逆数到盘主出生时辰即当时斗柄所指，比如盘主出生时月建在巳，那么子时出生者斗柄指巳，丑时出生者斗柄指辰，寅时出生者斗柄指卯，即命宫。

（2）命宫 / 身宫与阳建 / 阴建；紫微 / 天府与北斗之雌雄二神

南派斗数中身宫的取法与其他星命术都不同，为其独创。前面说过，域外星命术和五星术都以盘主出生时月亮实际所在的宫为身宫，北派斗数之身宫同样沿袭了这种思路。而南派斗数则是先从盘主月建所在宫逆数到生时定为命宫，再从月建所在宫顺数到生时定为身宫。也就是说，命宫和身宫是以月建为参照，分别逆行和顺行同样步数来确定。所以身宫由命宫决定，而非月亮。

实际上，这种对称性的相背 / 相向运动可以说贯穿中国古代哲学文化包括术数的所有方面，其核心就是阴阳运动。就天文和星占来讲，古代天官家在实际观测中感到“天左旋而地右旋”，而天为阳，地为阴，所以凡左旋的都是阳，右转的都是阴。因此，《淮南子・天文训》因为月建左旋而称之为“阳建”，然后以“子”月为中心，建构出了一个与其相背运动的虚拟的“阴建”。[①] 这时再看南派斗数之命身宫，就可以理解以盘主出生时月建所在的宫为起点，一逆一顺来排布命宫、身宫的真正意图了。也就是说，命宫、身宫是作为盘主之阴阳两面来论的。

再看紫微星和天府星的排布，是以寅申为对称线或者说以寅为起点，紫微和天府一顺行、一逆行地对称排布。书中列有紫微、天府所有的位置图（图 4–5），以便查阅。

---

① 卢央著：《中国古代星占学》，北京：中国科学技术出版社，2012 年，第 117–118 页。

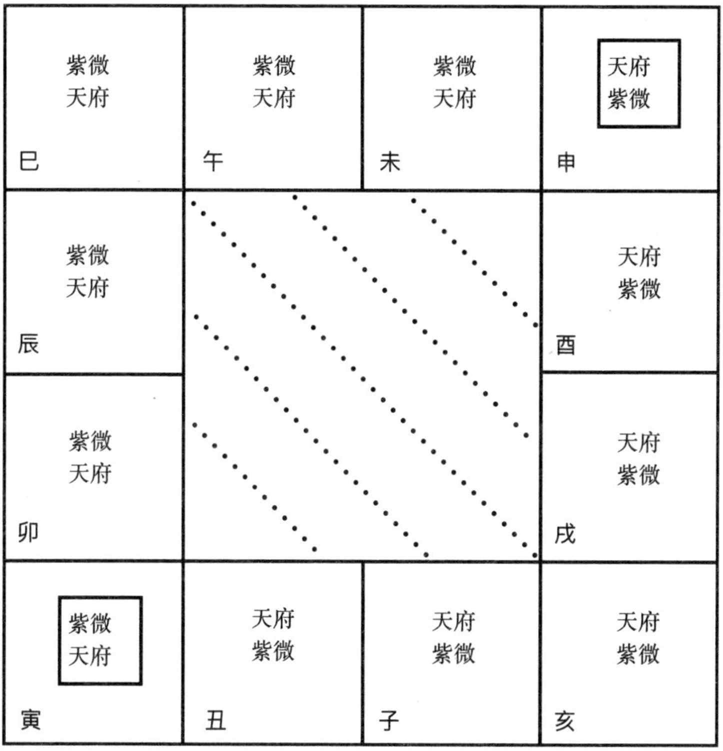

紫微 天府 巳	紫微 天府 午	紫微 天府 未	天府 紫微 申
紫微 天府 辰			天府 紫微 酉
紫微 天府 卯			天府 紫微 戌
紫微 天府 寅	天府 紫微 丑	天府 紫微 子	天府 紫微 亥

图 4-5

比说如紫微星在亥，那么天府星就在巳。然后，紫微和天府孰为阴阳、孰行顺逆呢？笔者认为应该是紫微为阳为顺行，天府为阴为逆行。首先，北斗是分雌雄即阴阳的，如《淮南子·天文训》说："北斗之神有雌雄，十一月始建于子，月从一辰，雄左行，雌右行。五月合午谋行，十一月合子谋德。"即，北斗之雄神、雌神与阳建、阴建一样，都从子月开始，雄神向左行、雌神向右行，每月行一辰，到五月雄、雌重合在午，然后再背向而行，到十一月又重合在子，周而复始。紫微星为北斗星主，又为帝星，依照传统肯定被赋予阳性和雄神的属性（此处就事论事，无关男权 / 女权问题），相对地，天府星作为南斗星主便与阴性和雌神联系在一起。

只是其中有一个问题，即阳建 / 阴建、北斗雌神 / 雄神的相会点在子午线，而紫微 / 天府则是在寅申线，这是为什么呢？明末邱维屏《紫微斗数五行日局解》对此有详细解释："紫微斗数主于北斗而配以南斗，南北斗之中有帝座焉，是曰紫微，故名紫微斗数也。凡北斗指寅而万物毕生，故十二辰以寅为斗所生之岁。取建寅之月，得其纳音，以次其生时，得时纳音所属五行，则五局分焉。然斗建之寅，地盘寅也，生之有定者也；天盘之寅，每前于地盘之寅，凡二舍焉。则天盘寅为地盘子，是从物生于寅，推而肇滋于天开之子也。"即是说，北斗指寅而万物生，所以十二地支以寅为北斗所生之岁，即斗数运算的起点。而斗建所指的寅位是地盘的寅，也就是十二地支当中的寅，是固定的。地盘上面有天盘（见前面式盘之解释），天盘的寅与地盘不同，是在地盘前两位的地方，即天盘的寅在地盘的子位上。这是因为天开于子，地辟于丑，人生于寅而万物生。

又说："箕尾二宿实当其次。箕，几也，根也，物之所始；尾，委也，缊也，物之所归者，物之所归皆系于此。《易》曰：艮也者，万物之所成，始而成终也。天汉之所加而冲络于觜参。"箕、尾二宿为二十八宿体系当中东方苍龙七宿中的最后两宿。尾宿为第六宿，依《史记·天官书》"尾为九子，曰君臣，斥绝，不和"；《晋书·天文志》"尾九星，后宫之场，妃后之府"；又《黄帝占》"天江星（注：属于尾宿）如常，微小，则阴阳和，水旱调，其星明大，天下大水"。可见尾宿与君臣关系、后宫以及水之旱涝有关。箕宿为第七宿，依《史记·天官书》"箕为敖客，主口舌"；《晋书·天文志》"箕四星，亦后宫妃后之府……又主口舌，主客蛮夷胡貉。"故箕宿表示口舌、后宫、蛮夷胡貉等。但这些都与此处所说的意思不同，"箕尾二宿实当其次"指此二宿在寅位（图 4-6）[①]。箕宿，为根基之意，代表万物的开始和起点；尾宿为"缊"，通"蕴"，如《易·系辞上》"乾坤，其易之缊（蕴）"，为万物之所归，与箕宿的意义相对。《易》曰"艮也者，万物之所成，始而成终也，"艮在易经中对应寅位（东北方），故引此句。

---

① 北京天文馆印《中国古星图》，根据北宋皇祐四年（1052 年）星象绘制。

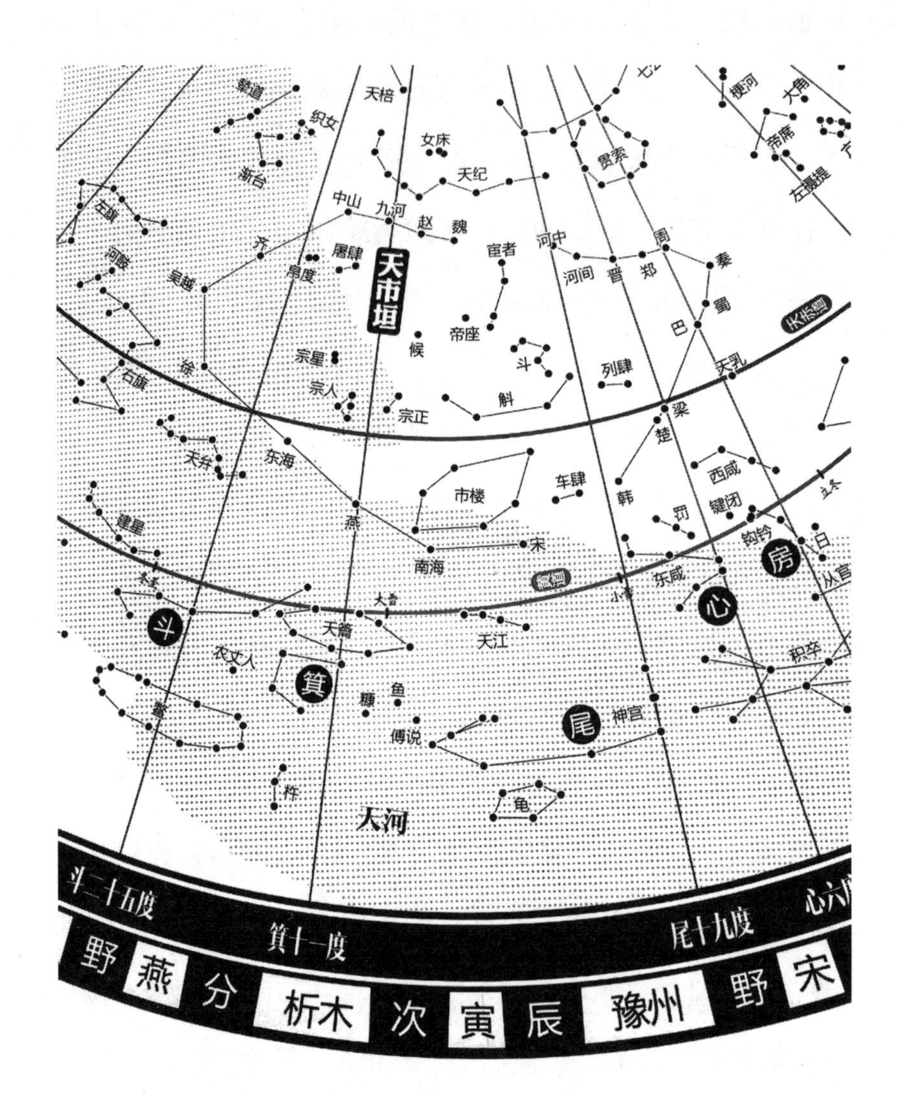
辇道
织女
渐台
天棓
女床
天纪
贯索
梗河
大角
帝席
左摄提
左旗
河鼓
中山
九河
赵
魏
齐
屠肆
帛度
吴越
天市垣
宦者
河中
周
秦
河间
晋
郑
蜀
巴
帝座
候
宗星
宗人
宗正
斗
斛
列肆
天乳
徐
右旗
梁
楚
天弁
东海
车肆
市楼
西咸
韩
罚
键闭
建星
燕
南海
宋
钩钤
日
房
东咸
从官
心
斗
天籥
天江
箕
农丈人
积卒
糠
鱼
鳖
尾
神宫
傅说
杵
龟
斗二十五度
箕十一度
尾十九度
野 燕 分 析木 次 寅 辰 豫州 野 宋

图 4-6

以上所引是从紫微斗数的起盘原理、斗建、天盘 / 地盘、二十八星宿和易卦的角度来解释为何斗数以寅为起点和枢纽。接下来说“凡五局者，以天盘之寅申为之界，右参而左两也”，即是讲五行局之数是如何以寅申线为基准来定的，有更加精彩的发挥，放在下一章专门讲。邱维屏这篇《紫微斗数五行日局解》为笔者首次发现，可以说是目前为止对于紫微斗数原理之研究水平最高、最深入、最重要的著作，故将全篇原文和笔者解读放在了附录。

接下来，再看南北斗安星诀中其他主要星曜的排布方法。北斗系“紫微天机星逆行，隔一阳武天同情。又隔二位廉贞位，空三便是紫微星”，即排好紫微星后，逆地支顺序依次排天机、太阳、武曲、天同、廉贞，也就是说，按照地支顺行的次序，紫微星排在首位，它的身后依次跟着天机、太阳这些星。南斗系“天府太阴顺贪狼，巨门天相与天梁。七杀空三破军位，隔宫望见天府乡”，则是排好天府星后，顺地支顺序排布贪狼、巨门等星曜，但这样看的话，天府就成了南斗星系的最后一位了，所以必然是天府逆行，这样才能作为南斗的“老大”带着后面的星曜一起行进。如图 4–7，紫微星带着该系星曜（黑底白字）一起顺行，天府星带着该系星曜（白底黑字）一起逆行。

太阴 巳	贪狼 午	巨门 天同 未	天相 武曲 申
天府 廉贞 辰			天梁 太阳 酉
卯			七杀 戌
破军 寅	丑	紫微 子	天机 亥

图 4-7

由此可见，南派斗数关于命身宫、紫微天府以及南北斗主要星曜的排布，其思路至少可以溯源到西汉《淮南子》当中的月建和北斗雌雄二神，完全承袭和体现了中国古代天文和哲学中的阴阳思想，从星命术的规则创建来讲，比起北派斗数要更加精致严密也更具中国术数特色了。

然而，南派斗数真正独创和发挥最精彩之处，在于五行局数与紫微星排布的数学规则。因为这是所有精研斗数者数百年来最不得其解的部分，而笔者恰在此有所发现，故单列一章详细展开。

第五章　南派斗数五行局数与紫微星排布的数学规则

从前面梳理可知，南派斗数之代表《紫微斗数全书》由清末多家书局大量刊刻而流传坊间，至今越发盛行，其最主要原因便在于简单易懂。如王栽珊、梁湘润所说，哪怕对禄命术完全不了解者，只要按照书中口诀排好星盘，就可以通过查阅各星曜和各宫的组合来做大体判断，甚至连子平术的排十神和基本五行生克道理都不用懂。也因此从清末起，紫微斗数便被公认为易学难精、鱼龙混杂。不过，由前面章节对于版本和创作者的梳理分析，以及对其中古代天文学元素和数理思想之溯源，现在可以确信南派斗数当中是有极多精妙处的，只是要对中外天文星占及中国古代术数有较深积累者才能体味。至此，也终于可以理解为何罗振玉这般术数集大成者肯为王栽珊《紫微斗数命理宣微》亲自题名了。其实从论法上来讲，南派斗数无非还是星曜之星情、状态（庙陷）配合星曜位置（三方四正）这种典型的域外星命术思路，其真正独创性，一是将实际星曜模型转为中国本土的虚拟星曜数学循环模型，如上面分析的将阴建 / 阳建、北斗雌雄二神的阴阳理念引入命 / 身宫和紫微 / 天府的排布中；二是以中国古代天文中重要的南北斗紫微 / 天府星系代替域外日月五星，从而将域外的黄道核心转为中国最重视的北极 / 北辰核心，从根本上完成了本土星命术的创建工作。

然而，当中还有一个重要问题没有分析，即紫微星究竟是如何排布的。依第一章起盘原理，南派斗数中首先要确定紫微星的位置，然后天府星和南北斗所有主要星曜才可由此排布出来。而紫微星则要由命宫所属的五行局数，查五张相应表格中盘主阴历生日所在的宫来确定。由第一章分析得知，命宫所在位置由月、时决定，命宫所属的五行局数则由命宫干支决定，命宫干支又是由年干（五虎遁）决定的。也就是说，盘主紫微星所在宫是由其出生的年、月、日、时一起决定的，而非像北派斗数只由出生年便安置紫微星，这就大大提高了紫微星在个人命盘中的独特性、重要性和“领袖”特质。前面已经知道命宫的排布原理，并依纳音口诀可知命宫干支所属五行。那么，五行局数之数是如何而来的呢？

一、五行局数解析

关于五行所配数字，术数中基本都遵河洛之生成数，即水一、火二、木三、金四、土五作五行生数，各加一“五”数，得水六、火七、木八、金九、土十作五行成数。关于其原理，自古而今阐发者多如牛毛，在此不赘述。只说南派斗数所用之五行局偏偏独树一帜，为水二、木三、金四、土五、火六，是何道理？《捷览》《全书》《合并》都未就此解释一言半句。然而如笔者所说，对术数精钻者因其专业敏感性当然是绝不肯放过的，毕竟创作思路才是斗数真正的奥秘和精髓所在。

（一）王栽珊、梁湘润之五行局数解

王栽珊在《斗数宣微》“问答二十四条”中对此有所解释[①]。

① 王栽珊著：《斗数宣微》，中国香港：香港心一堂出版社，2010年。

问：斗数按五局，定数目，起大限，理宜水一、火二、木三、金四、土五之数，因何改为水二局、火六局，其理何在？答曰：此先天之体，变为后天之用。按先天本位乾南、坤北、离东、坎西、中五，考后天乾属六数、坤属二数，是取先天乾卦火位，而用后天乾六之数，取先天坤卦水位，而用后天坤二之数。其木三、金四、土五，仍遵原数，并无变化。查斗数注重南北水火二方，联合先天后天体用，是以有此变更也。

如上，王栽珊对紫微斗数五行局数的解释是，后天八卦当中乾数为六，坤数为二（图 5–1），而先天八卦中乾在正南为火、坤在正北为水（图 5–2）。紫微斗数五行局中的火是取先天八卦乾之“火位”（火的含义）和后天八卦乾对应的数（六）而为火六局，水局是取先天八卦坤之“水位”（水的含义）和后天八卦坤对应的数（二）而为水二局。因为“斗数注重南北水火二方”，所以通过乾坤的这种变化，将“先天之体，变为后天之用”。而木三、金四、土五，仍遵原数不变。

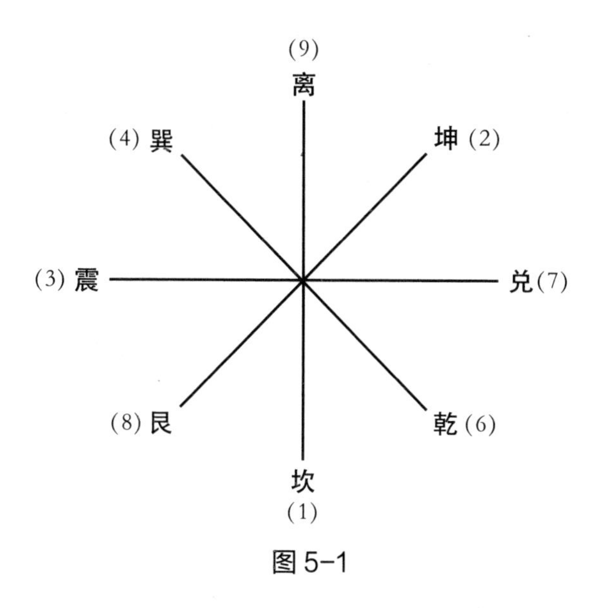

图 5-1

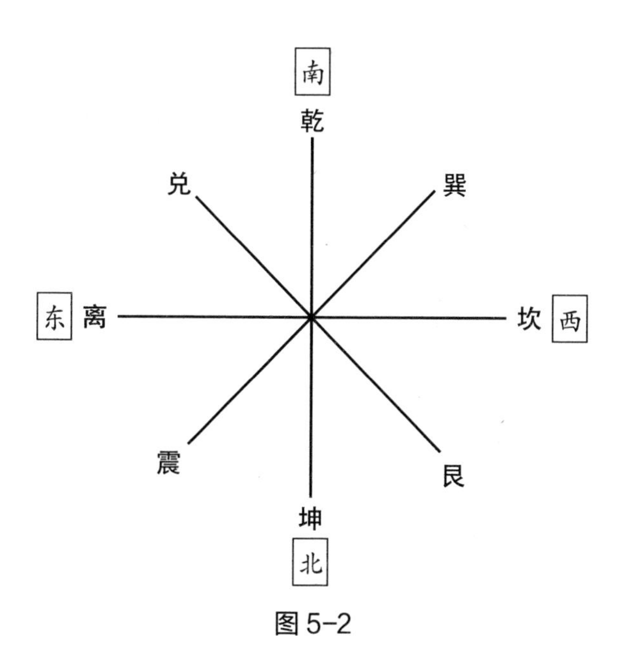

图 5-2

梁湘润《紫微斗数考证》“五行局述微”中亦对此阐释。说，紫微斗数除了十天干、十二地支之五行与常法相同外，其另有“局”之五行，只须一查五行局表即可明了。若问五行局何以为有“水二局……”等数字上之加添，便不易明了。然而“吾人即知紫微斗数为命理与易卦相结合之产品，当可信知，凡遇命理常例以外之理哲，大都皆是依易卦、河洛理数为加添之理哲”。之后以《五行大义》载五行生成数为：“水在天为一、在地为六，火在天为七、在地为二，金在天为九、在地为四，木在天为三、在地为八，土在天为五，在地为十，”又以《礼记·月令篇》“木八、火七、金九、水六、土五，此皆言其生数”，而紫微斗数是用成数，所以为木三、金四、土五。水、火二局则以易理“水火既济”之理，故水用火数、火用水数，坎离交换使用而成其象，所以水为“火之二数局”，火为“水之六数局”，据此而定出五行之局数。此数为五行成数，非五行生数。

也就是说，梁湘润综合《五行大义》《礼记·月令篇》和易理做出了另外的解释。即紫微斗数五行局中的木、金、土要依照《礼记·月令篇》用成数即木三、金四、土五，而水火则依照《五行大义》“水在天为一、在地为六，火在天为七、在地为二”，也要用成数，即水用六，火用二。但在五行局中是水二火六，这是因为参照“易理水火既济之理，故水用火数、火用水数，坎离交换使用而成其象”。

王栽珊和梁湘润关于紫微斗数五行局数尤其是水二局、火六局的解释都有理有据，不过对于有易学和术数基础者来说是在情理之中，即使他们不讲，也大概能猜到。若论解释最详尽、最能体现中国古代数学思维和术数水平的，当属邱维屏。以下对比便知。

（二）邱维屏其人及五行局数解

前面讲南派斗数为何以寅申线而非古代天文常用之子午线为参考标准时，提到过邱维屏的解释。想必对术理敏感者那时便在短短数言中得窥其学识之广博与思路之精敏。下面花较多篇幅详细分析他对于斗数五行局各局数的算法以及紫微星排布的数学规则，大家会对当中极精彩的发挥更加惊喜。可以非常肯定的说，邱维屏这篇《紫微斗数五行日局解》是从明末至今所有关于紫微斗数研究的著作中最深刻、最接近斗数本质和核心奥秘的。

在正式分析之前，先简单介绍一下邱维屏。邱维屏（1614—1679），字邦士，号松下先生，江西省宁都县人。明清之际著名学者、文学家、易学家，易堂九子之一。易堂九子是宁都历史上最著名的文学团体，由魏禧三兄弟、邱维屏、彭士望等人组成，明亡后隐居翠微峰讲学，以气节、文章闻名明清。清道光年间，彭玉雯编有《易堂九子文钞》。《清史稿列传·二百七十一》说邱维屏“为人高简率穆，读书多玄悟，晚为历数、易学及泰西算法。僧无可与布算，退语人曰：此神人也！……著有《周易剿说》十二卷、《松下集》十二卷、《邦士文集》十八卷，”可见对易学历数研究之深。为此，他曾受清代官员翟世琪之邀亲为讲易，如道光十七年刻本《邱邦士文集》卷首杨龙泉撰序说，邱维屏“精研易学，其推演理数，非经生所解”，所以翟世琪“聘先生讲易”，并说翟恃才傲物，唯独对邱“降心尊礼，若弟子之奉师”。魏禧在其所作邱维屏传中描述得更加有意思，说他著易数书时偶尔缺纸，就用牌票纸的背面来写，翟世琪竟“悉以锦轴装潢其草稿，敬事如师礼”。

《紫微斗数五行日局解》出自《邱邦士文集》卷二，后面有同为易堂九子的彭士望作批语说：“吾不知其所云而心识其妙，其奥劲博大处，世儒固难视其项背。”可见即便在当时，也极少有人能在易学和术数方面与之相并。可能这也是此篇文章如此重要，至今却无人提及的原因之一。所幸，大概受益于博士期间所受中国古代数学史和天文学史的学习与训练，笔者琢磨两日便“知其所云并心识其妙”了。但欣喜之余，更添惭愧自卑，深觉与古代易学家差距实在太大。又因其生逢乱世、怀才不遇，以致宝珠蒙尘至今而凄然惋惜，对于投生当今之太平盛世万般感恩。另外，说彭士望之学大抵以王阳明、罗念庵为主，罗念庵即南派斗数作序者罗洪先，可见这些江西学者在学术思想来往之密切，也难怪邱维屏能够精研紫微斗数并就其原理做深刻发挥。

邱维屏关于五行局数分析的切入点便远在王栽珊、梁湘润之上，不是从基本生成数和简单易学概念入手，而是直接从紫微斗数的星盘起算：

> 而凡五局者，以天盘之寅申为之界，右参而左两也。右参者何？水局起于丑，金局起于亥，火局起于酉，阴支三也。左两者何？木局起于辰，土局起于午，阳支二也。参则阳而两则阴，今阴支三而阳支二，阴

阳参两之交也。繇寅而右，丑当二故，曰二局。金当四故，曰四局。酉当六故，曰六局。繇寅而左，木当三故，曰三局。土当五故，曰五局。

先讲五行局的由来。是以天盘的寅申线为界（为何是寅申线，见上节分析），将其分为两部分，则右边有三局，即水、金、火局；左边有两局，即木、土局。右之三局，水局从丑宫开始，金局从亥宫开始，火局从酉宫开始，都是起于阴支。左之两局，木局从辰宫开始，土局从午宫开始，都是起于阳支。“三”在数为阳，“二”在数为阴，所以右之三局从阴支起，左之二局从阳支起，取阴阳三、二相交之意。

再说各局对应的数。“繇寅而右，丑当二故，曰二局”，因为寅为开始，故在数为一。“繇”通“由”，从寅一向右数，则丑在数为二，水局起于丑，所以水局为水二局。同理，寅一、丑二、子三、亥四，金局从亥起，在数为四，故金四局。寅一、丑二、子三、亥四、戌五、酉六，火局起于酉，酉在数为六，故酉六局。至于土局、木局，则从寅向左数，寅一、卯二、辰三，木局起于辰，木在数为三，故为木三局。寅一、卯二、辰三、巳四、午

五，土局从午起，午在数为五，故为土五局。接下来说，

> 木三金四而土五，生之数。水二次火之生数，火六次水之成数，天地之间水火而已，水火不交则万物不兴。水二而火六，水火交也。生数凡五而一，不可见成数。凡五而六以代一，阳无首而阴代终也。

这段则是按照生、成数来解释五行局之数。按河洛理数，“天一生水，地六成之；地二生火，天七成之；天三生木，地八成之；地四生金，天九成之；天五生土，地十成之，”则生数为水一、火二、木三、金四、土五。但依照斗数的五行局数，则水为二，排在火的生数位“二”上，火排在“六”，是原本水“一”的成数，为什么呢？因为“天地之间水火而已，水火不交则万物不兴”，水火即阴阳，取易学中水火既济之意，故水火交换位置。生数从一数到五，水虽然到了火的第二位，但火不能返回去到第一位，所以顺排到第六位，用来代表第一位（阳位），这便是“阳无首而阴代终也”。这种思路与王、梁为同一种路子，不再赘述。

接下来解释为何水、火、金向寅之右数，木、土向寅

之左数：

> 右者自寅而数往，左者自寅而知来。水火，阴阳之老故，右之巳。木金，阴阳之稺，宜皆左之。土则阴阳之冲，五行之库，亦宜右之。而右金，而左土，因纳音之土金易位也。

向右者自寅为一数起算，向左者亦自寅为一数起算。水、火为老阴、老阳，所以从寅起向右数；木、金为少阳、少阴，所以从寅起向左数。土为阴阳冲和而成，为五行之库，所以也从寅起向右行。然而紫微斗数的五行局为金从寅向右，土从寅向左，是因为纳音当中土、金交换了位置。（以上这些是易学基础知识，不理解者可自行补课，笔者不赘述）

> 五局既以寅申为之界，藏界不见，则水右一而木左二，金右三而土左四，火居其右五者。《礼运》曰：播五行于四时，以子正水为之端，而卯正木、午正火、未正土、酉正金，继其序，为水木火土金之次者，此则法洛书之火金易位也。又置界不见而环之

以为五序，则水木土火金。洛书按阴阳自太而少环次图，则一水三木五土九金七火焉，此亦以火金而易位也。

斗数五行局以寅申这一条线为界，若将这条界隐去，那么丑、卯便代替之前的寅而成为一数，随向左、向右来数，之前的局数各减掉一数就可以。所以说水右一（丑）、木左二（辰）、金右三（亥）、土左四（午）、火右五（酉）。这便是斗数五行局各局初一生人紫微星所在的位置。

《礼记·礼运》说播五行于四季，子正即水为开端，然后依次为卯正木、午正火、未正土、酉正金，即水、木、土、火、金的次序。（这是非常基础的知识，水正、木正、火正、金正分别在十二地支的子、卯、午、酉位，为气最纯，故称四正。四正对应四季，即冬、春、夏、秋。土为长夏。水、木、火、土、金即为冬、春、夏、长夏、秋之季节顺序。之所以从冬子月开始，是因为中国历法曾以子月为一年之首，故冬排在最前。虽然后来历法以丑或寅为年首，但子为始的思想却在很多术数当中保留下来。）然而斗数五行局为水、木、金、土、火的次序，是因为洛书当中火、金易位。

至此，不但解释了紫微斗数五行局各自对应之数的真正原理，还解释了各局顺行、逆行之理（自寅向左或右数），以及斗数五行局各局初一生人紫微星所在的位置，从而为下面阐释各局紫微星排布的数学规则奠定好前置理论基础。用这种思路解读五行局数，毫无疑问，邱维屏显然比梁湘润、王栽珊等人高明太多，也有说服力多了。

二、紫微星排布的数学规则

前面反复说过，紫微星的排布是南派斗数创作思路的核心。以上详细分析了五行局数的内在原理，如今便只剩下解密各局中紫微星排布的规则了。《全书》《捷览》都只给出水二局、木三局、金四局、土五局、火六局这五张图，在各宫列有阴历日如初一、初二等，盘主只要依照命宫的干支纳音确定属于何局，然后在该局图中查得出生日所在的宫，就是紫微星所在。至于这些日期是如何排列的，比如某局、某日紫微星在何宫，各局图中都有一段小口诀，但原书并未做出解释，至今也从未有人说过。笔者初看这些口诀时不解其意，然而受邱维屏启发，很快便解读出来，兹列于下。

（一）各五行局紫微星排布口诀详解

关于紫微星的排布口诀，《捷览》《全书》略有差异，以下分析以《捷览》为依据。各局有一套共法，即先排出初一、初二紫微星所在，然后由初一排奇数日，由初二排偶数日。

1. 水二局。坎水宫中二岁行，初一起丑初二寅。顺行一步安一日，阴阳虽异行则同。（图 5–3）

水二局			
初八 初九 巳	初十 十一 午	十二 十三 未	十四 十五 申
初六 初七 三十 辰			十六 十七 酉
初四 初五 二十八 二十九 卯			十八 十九 戌
初二 初三 二十六 二十七 寅	初一 二十四 二十五 丑	二十二 二十三 子	二十 二十一 亥

图 5–3

坎水宫中二岁行，即水二局者从盘主两岁开始起大运。坎即水，如上所说寅在数为一，水局逆行，故丑在数为二，所以初一生人的紫微星是在丑。初一起丑初二寅，初二生人的紫微星在寅。之后，顺行一步安一日，阴阳虽异行则同，即不论地支所属阴阳，一律顺行，每宫顺序排一日。例如初一在丑，则初三在寅，初五在卯；初二在寅，则初四在卯，初六在辰。如下：

丑宫（初一）　　　　　　（二十四、二十五）

寅宫（初二、初三）　　　（二十六、二十七）

卯宫（初四、初五）　　　（二十八、二十九）

辰宫（初六、初七）　　　（三十）

巳宫（初八、初九）

午宫（初十、十一）

未宫（十二、十三）

申宫（十四、十五）

酉宫（十六、十七）

戌宫（十八、十九）

亥宫（二十、二十一）

子宫（二十二、二十三）回到丑宫，继续排二十四、二十五……

2. 木三局。生遇木宫三岁游，初一骑龙初二牛。逆进两宫安二日，顺回四步一辰求。顺二二宫牛头地，逆进二步二辰俦。（图 5–4）

木三局			
初四 十二 十四 巳	初七 十五 十七 午	初十 十八 二十 未	十三 二十一 二十三 申
初一 初九 十一 辰			十六 二十四 二十六 酉
初六 初八 卯			十九 二十七 二十九 戌
初三 初五 寅	初二 二十八 丑	二十五 子	二十二 三十 亥

图 5–4

生遇木宫三岁游，即木三局者从盘主三岁开始起大运。初一骑龙初二牛，即初一生人的紫微星在辰（龙），初二生人的紫微星在丑（牛）。逆进两宫安二日，专指从初一开始的排法，并且当中的“二日”指一宫排两个奇数日，如初一在辰，便逆序走卯、寅两宫，排初三、初五在寅宫。顺回四步一辰求，指从该宫起，顺序走四步，再安下一个奇数日，如初三、初五在寅，则顺序走卯、辰、巳、午四步，初七排在午宫。然后再在此位逆序走“二日”，重复这一过程，具体如下：

辰宫（初一），逆进两宫到寅宫（初三、初五），顺回四步到午宫（初七）。

午宫（初七），逆进两宫到辰宫（初九、十一），顺回四步到申宫（十三）。

申宫（十三），逆进两宫到午宫（十五、十七），顺回四步到戌宫（十九）。

戌宫（十九），逆进两宫到申宫（二十一、二十三），顺回四步到子宫（二十五）。

子宫（二十五），逆进两宫到戌宫（二十七、二十九）。

顺二二宫牛头地，逆进二步二辰俦。这一句是从初二紫微星在丑（牛头）起排偶数日。“顺二二宫”，即顺行四宫（二乘二得四）排一日，如初二紫微星在丑，顺行寅、卯、辰、巳，则初四在巳宫。“逆进二步二辰俦”，再逆行两宫排两个偶数日（俦为并列的意思），如初四在巳，则逆行辰、卯，初六、初八在卯宫。依此续排。

丑宫（初二），顺进四宫到巳宫（初四），逆回两步到卯宫（初六、初八）。

卯宫（初六、初八），顺进四宫到未宫（初十），逆回两步到巳宫（十二、十四）。

巳宫（十二、十四），顺进四宫到酉宫（十六），逆回两步到未宫（十八、二十）。

未宫（十八、二十），顺进四宫到亥宫（二十二），逆回两步到酉宫（二十四、二十六）。

酉宫（二十四、二十六），顺进四宫到丑宫（二十八），逆回两步到亥宫（三十）。

3. 金四局。紫微金宫四岁行，初一寻猪二岁龙。顺进二步逆退一，先阴后阳是其宫。惟有初二辰上起，进三退四逆行踪。(图 5-5)

金四局			
初六 十六 十九 二十五 巳	初十 二十 二十三 二十九 午	十四 二十四 二十七 未	十八 二十八 申
初二 十二 十五 二十一 辰			二十二 酉
初八 十一 十七 卯			二十六 戌
初四 初七 十三 寅	初三 初九 丑	初五 子	初一 三十 亥

图 5-5

紫微金宫四岁行，即金四局者从盘主四岁开始起大运。初一寻猪二岁龙，初一生人紫微星在亥，初二生人紫微星在辰。顺进二步逆退一，指从初一开始的排布法，顺进两步，由初一所在的亥到子、丑，在丑宫安初三；逆退一，从丑宫退一宫到子宫，安初五。先阴后阳是其宫，则指一日在阴宫，一日在阳宫，如初三在丑为阴支，初五在子为阳支。接下来重复此口诀排布如下。

亥宫（初一），顺进两步到丑宫（初三），逆退一步到子宫（初五）。

子宫（初五），顺进两步到寅宫（初七），逆退一步到丑宫（初九）。

丑宫（初九），顺进两步到卯宫（十一），逆退一步到寅宫（十三）。

寅宫（十三），顺进两步到辰宫（十五），逆退一步到卯宫（十七）。

卯宫（十七），顺进两步到巳宫（十九），逆退一步到辰宫（二十一）。

辰宫（二十一），顺进两步到午宫（二十三），逆退一步到巳宫（二十五）。

巳宫（二十五），顺进两步到未宫（二十七），逆退一步到午宫（二十九）。

然后排初二起的紫微星。惟有初二辰上起，进三退四逆行踪，即初二在辰宫起紫微星。“逆行踪”即颠倒十二支的顺序，故“进三退四”实则为“逆三进四”（从本宫起算）。如初二逆地支顺序走三步，由辰、卯、寅，在寅宫排初四；退四实则为顺地支顺序前行四步，经寅、卯、辰、巳，在巳宫排初六。后面依此口诀重复如下。

辰宫（初二），进三步到寅宫（初四），退四步到巳宫（初六）。

巳宫（初六），进三步到卯宫（初八），退四步到午宫（初十）。

午宫（初十），进三步到辰宫（十二），退四步到未宫（十四）。

未宫（十四），进三步到巳宫（十六），退四步到申宫（十八）。

申宫（十八），进三步到午宫（二十），退四步到酉宫（二十二）。

酉宫（二十二），进三步到未宫（二十四），退四步到戌宫（二十六）。

戌宫（二十六），进三步到申宫（二十八），退四步到亥宫（三十）。

4. 土五局。戊土五岁居其中，初一午上二亥宫。逆行三宫安一日，惟有九日不能同。二宫一日顺二（《全书》为“三”）次，退二三次又逆从。惟有六日无正位，逢四对宫去寻踪。（图 5-6）

土五局			
初八 二十 二十四 巳	初一 十三 二十五 二十九 午	初六 十八 三十 未	十一 二十三 申
初三 十五 十九 二十七 辰			十六 二十八 酉
初十 十四 二十二 卯			二十一 戌
初五 初九 十七 寅	初四 十二 丑	初七 子	初二 二十六 亥

图 5-6

戊土五岁居其中，即戊五局者从盘主五岁开始起大运。初一午上二亥宫，即初一生人紫微星在午，初二生人紫微星在亥。逆行三宫安一日，指从初一开始排奇数日的方法，即逆行三宫，经午、巳、辰三位，初三排在辰宫。惟有九日不能同，即排到初九、十九、二十九时，有另外的排法，而将该宫空过，再继续排。排法如下。

午宫（初一），逆行三宫到辰宫（初三），再逆行三宫到寅宫（初五），再逆行三宫到子宫（初七），再逆行三宫到戌宫为初九，故空掉不排。

再逆行三宫到申宫（十一），再逆行三宫到午宫（十三），再逆行三宫到辰宫（十五），再逆行三宫到寅宫（十七），再逆行三宫到子宫为十九，故空掉不排。

再逆行三宫到戌宫（二十一），再逆行三宫到申宫（二十三），再逆行三宫到午宫（二十五），再逆行三宫到辰宫（二十七），再逆行三宫到寅宫为二十九，空掉不排。

至于如何排初九、十九、二十九日的紫微星，《捷览》的口诀中未说，但《全书》中增加了一句：“惟有九日不能均，十居辰上初居寅，二十九日午上寻”，即十九在辰宫，初九在寅宫，二十九在午宫。

继续从初二排布。《捷览》说二宫一日“顺二次”，《全书》则说“顺三次”，按照图示应该是“顺二次”。从初二所在的亥宫顺行两宫，经子、丑，在丑宫安初四。再从丑宫顺走两宫，经寅、卯，按理说应该在卯宫安初六，但“惟有六日无正位”，即初六、十六、二十六日另有排法，故空过去不安日子。从卯宫经辰、巳两宫，在巳宫安初八，也是“顺二次”。然后“退二三次又逆从”。笔者发现，顺行从下一宫起算，逆行则从本宫起算，所以此处为每退三宫安一日，共退二次。从巳宫退三宫到卯宫安初十，再退三宫到丑宫安十二，正好是退二次，每次退三宫。然后再顺行，依照此规则排布如下。

亥宫（初二）顺两步到丑宫（初四），再顺两步到卯宫为初六不排，再顺两步到巳宫（初八）。

巳宫（初八）逆行三步到卯宫（初十），再逆行三步到丑宫（十二）。

丑宫（十二）顺行两步到卯宫（十四），再顺行两步到巳宫为十六不排，再顺行两步到未宫（十八）。

未宫（十八）逆行三步到巳宫（二十），再逆行三步到卯宫（二十二）。

卯宫（二十二）顺行两步到巳宫（二十四），再顺行两步到未宫二十六不排，再顺行两步到酉宫（二十八）。

酉宫（二十八）逆行三步到未宫（三十）。

然后排初六、十六、二十六日。“惟有六日无正位，逢四对宫去寻踪”，即：

丑宫（初四）对宫为未宫（初六）。

卯宫（十四）对宫为酉宫（十六）。

巳宫（二十四）对宫为亥宫（二十六）。

5. 火六局。离火宫中六岁知，初二骑马初一鸡。进二退二各一日，逆回三步寻生期。另有初二各其位，先阴顺行逆退之。退二安一退二一，顺进五宫是其基。（图 5-7）

火六局			
初十 二十四 二十九 巳	初二 十六 三十 午	初八 二十二 未	十四 二十八 申
初四 十八 二十三 辰			初一 二十 酉
十二 十七 二十七 卯			初七 二十六 戌
初六 十一 二十一 寅	初五 十五 二十五 丑	初九 十九 子	初三 十三 亥

图 5-7

离火宫中六岁知，即火六局者从盘主六岁开始起大运。初二骑马初一鸡，即初二生人紫微星在午宫，初一生人紫微星在酉宫。进二退二各一日，即从初一起，进二宫、退二宫各排初三、初五，但实际上是连续顺进两个两宫来排两日，即初三在亥、初五在丑，并没有退，不知为何这样说。逆回三步寻生期，则再从该位逆回三宫，经子、亥、戌，初七安在戌宫。排布如下。

酉宫（初一）进两宫到亥宫（初三），再进两宫到丑宫（初五）。

丑宫（初五）逆三宫到戌宫（初七）。

戌宫（初七）进两宫到子宫（初九），再进两宫到寅宫（十一）。

寅宫（十一）逆三宫到亥宫（十三）。

亥宫（十三）进两宫到丑宫（十五），再进两宫到卯宫（十七）。

卯宫（十七）逆三宫到子宫（十九）。

子宫（十九）进两宫到寅宫（二十一），再进两宫到辰宫（二十三）。

辰宫（二十三）逆三宫到丑宫（二十五）。

丑宫（二十五）进两宫到卯宫（二十七），再进两宫到巳宫（二十九）。

再从初二起排。退二安一退二一，即从初二起退两步、再退两步各安一日，如初二在午，退两步在辰宫排初四，再退两宫在寅宫排初六。顺进五宫是其基，即在初六再顺行五宫，经卯、辰、巳、午、未，在未宫排初八。排布如下。

午宫（初二）退两步到辰宫（初四），再退两步到寅宫（初六）。

寅宫（初六）顺进五宫到未宫（初八）。

未宫（初八）退两步到巳宫（初十），再退两步到卯宫（十二）。

卯宫（十二）顺进五宫到申宫（十四）。

申宫（十四）退两步到午宫（十六），再退两步到辰宫（十八）。

辰宫（十八）顺进五宫到酉宫（二十）。

酉宫（二十）退两步到未宫（二十二），再退两步到巳宫（二十四）。

巳宫（二十四）顺进五宫到戌宫（二十六）。

戌宫（二十六）退两步到申宫（二十八），再退两步到午宫（三十）。

(二)排布紫微星之现代数学捷法

关于紫微星的排布，现代有人根据其内在逻辑而总结出一套简单的数学规则，用起来非常方便。最早见到这种方法，是集文书局出版《十八飞星策天紫微斗数全集》[①]。依序言说，该书为周祖勇先生将自家珍藏之古本明版(清同治九年木刻再版)《紫微斗数全集(6卷)》[②]付梓以与同好共享。当中写有周祖勇自己摸索出的“定紫微星所临宫位捷法”，考其规则，与王亭之《安星法及推断实例》[③]中提到的方法一致。周祖勇作序时间为1982年，王亭之《安星法及推断实例》在大陆出版是在2013年，且未在书中提到该口诀的来源，那么暂时确定，这种排布捷法是由周祖勇率先总结出来。

该捷法非常简单，就是用盘主生日数除以所在五行局数，以商数和余数来推算。分三种情况。

第一种：生日数大于局数，且有余数。以生日数除以局数后，得商数和余数。先找余数之位置，如火局余3，

---

① 集文书局印行:《十八飞星策天紫微斗数全集》，集文书局，1999年再版。

② 经笔者比对，该版即前面所说明代《合并》版。

③ 王亭之著:《安星法及推断实例》，上海：复旦大学出版社，2013年。

则查图 5-8 火$_3$在亥宫。由此宫位前一宫起算，顺行数到商数所在宫，即紫微星所在。

例：金四局十八日出生者紫微星所临宫位。

18/4=4，余 2。查图得金$_2$在辰，前一位是巳，从巳顺数四位是巳、午、未、申，紫微星在申宫。

巳	土$_1$ (火$_2$) 午	未	申
木$_1$ (金$_2$) (土$_3$) (火$_4$) 辰			火$_1$ 酉
卯			戌
火$_0$ 金$_0$ 木$_0$ 水$_0$ 土$_0$ 寅	水$_1$ (木$_2$) (金$_3$) (土$_4$) (火$_5$) 丑	子	金$_1$ (土$_2$) (火$_3$) 亥

图 5-8

第二种：生日数大于局数，可整除，无余数。此时一律从寅宫起算，顺数到商数所在宫，即紫微星所在。

例：木三局十五日出生者紫微星所临宫位。

15/3=5。从寅数五位，寅、卯、辰、巳、午，紫微星在午宫。

第三种：生日数小于局数，直接找到该宫，即是紫微星所在。

例：土五局三日出生者紫微星所临宫位。

直接在图上找到土$_3$在辰，紫微星在辰宫。

图 5-8 为周祖勇、王亭之书中所附，对于图中火$_0$、火$_1$、火$_2$等未做解释。不过很容易看明白，火$_0$、金$_0$、木$_0$、水$_0$、土$_0$，都是上面第二种可以整除的情况，所以从寅位起算。再细考，其实就是各局数对应的日子，即水二局、木三局、金四局、土五局、火六局的初二、初三、初四、初五、初六日生人的紫微星都在寅位。其他如火$_1$、金$_2$、土$_4$等则是各五行局中盘主出生日紫微星所在的宫，比如火$_1$是火六局初一生人紫微星所在宫，土$_4$是土五局初四生人紫微星所在宫，等等。

（三）《紫微斗数五行日局解》之数理详解

笔者在第一节根据原书所述口诀，对各五行局中紫微星的排布进行了详细演示。但其内在规则，却未能参透。关于其中奥秘，可以这么说，是紫微斗数流行以来所有研究者连切入点都找不到的，因此众学者干脆不提。邱维屏是首位也是目前为止唯一一位将其中数理原则剖析清楚者，水平和见解远在明清以来绝大部分术数研究者之上，难怪被同道评为“神人”。

前面详细介绍了邱维屏对于紫微斗数五行局局数来源的解析。如上面所说紫微星的排布规则，要先排初一紫微星所在宫，由初一起排奇数日即初三、初五……二十九日紫微星所在宫；再排初二紫微星所在宫，给出另一个规则，再排偶数日即初四、初六……三十日紫微星所在。关于各五行局初一生人紫微星所在宫，前面已经讲过原理。下面依照邱维屏《紫微斗数五行日局解》原文，来推算各五行局初二生人紫微星的位置。

1. 各五行局初二生人之紫微星推算原理

每月之日三十分，其奇偶各十有五。此十五奇日，其初一所起，五局之分也。既得奇日，则知偶日之所起。偶者倍于奇者也，然奇阳则饶，偶阴恒乏，每缩一偶也。偶为二数，缩一偶则缩其二矣。水曰二局，倍二而四,四缩二而二，故水局初一丑而初二寅，丑寅左旋，顺至二舍也。金曰四局，倍四而八,八缩二而六，故金局初一亥而初二辰，亥辰左旋，顺至六舍也。火曰六局，倍六而十有二,十二缩二而十，故火局初一酉而初二午，酉午左旋，顺至十舍也。水金火居寅右申左，初一起三阴支者，皆左旋而顺也。木曰三局，倍三而六,六缩二而四，故木局初一辰而初二丑，辰丑右旋，逆至四舍也。土曰五局，倍五而十,十缩二而八，故土局初一午而二亥，午亥右旋，逆至八舍也。木土居寅左申右，初一起二阳支者，皆右旋而逆也。

每月分三十日[①]，奇、偶各十五日。奇日之首的初一，

---

① 斗数以阴历即月亮变化来推算，但有时三十日一月，有时二十九日一月，因术数家不一定是天文学家，推算时并不讲究精确。这样的例子比比皆是，不用刻意计较。

就是在各五行局局数所在的位置，如水二局、初一出生的人，紫微星就在丑位。知道初一所在的位置，就可以推出初二所在的位置。偶数是奇数的两倍，奇数为阳，主富饶（阳有增长之意，正数），偶数为阴，主匮乏（阴有减少之意，负数），所以每推算一次要减掉一个偶数。偶数初始为二，所以“缩一偶”就是减去二。

以此为基础，来分析各五行局初二紫微星所在。①水二局在数为二,二的二倍为四,四减二为二。水二局初一在丑，初二就从丑向左数两位到寅，所以初二在寅。②金四局在数为四,四的二倍为八,八减去二是六，从初一所在的亥位向左数六位，即辰位，所以初二在辰。③火六局在数为六,六的二倍为十二，十二减二是十，初一在酉，左数十位到午，所以初二在午。前面已经分析说，水、火、金局在寅之右，初一分别在丑、亥、酉三个阴支，所以向左顺排（沿十二地支的顺序）。④木三局在数为三,三的二倍为六，六减二为四，初一在辰，逆地支顺序向右数四位即丑位，所以初二在丑。⑤土五局在数为五,五的二倍为十，十减二为八，初一在午，向右数八位即亥，所以初二在亥。如前说，木、土在寅的左边，初一在辰、午二阳支，所以向右逆序而数。这样，各五行局初二紫微星所在便推算出来了。接下来还有一段讲另一种思路，所得结论是一样的。囿于篇幅，笔者将其放在附录部分。感兴趣者可翻到后面仔细揣摩，非常有意思。

> 于是而初一之起于阴支者，初二必起于阳支，水金火是也。初一之起于阳支者，初二必起于阴支，土木是也。然其后奇偶各十有四日，何以序之？其初一起阴支者，奇偶日俱并阴阳之支而为顺逆之序，阴道杂也。其初一起阳支者，分奇日于阳支，偶日于阴支，而为顺逆之序，阳道纯也。

由以上这些推算可以看出，初一起于阴支的，初二必起于阳支，即水、金、火局。初一起于阳支的，初二必起于阴支，即土、木局。排完初一、初二，还有二十八天，奇、偶各十四天，该如何排呢？初一起于阴支者（水、金、火局），由于阴为杂，所以奇偶日按照顺逆序混排在各阴阳支宫。初一起于阳支者（土、木局），由于阳为纯，所以奇日在阳支宫，偶日在阴支宫，然后顺逆序排。以下分局讲解。

2. 水二局各日紫微星所在

水者，五行之始，天汉之精，其独顺而无逆乎，故起丑而终子，其数十二，又顺丑寅卯而为十五，奇日之次也。起寅而终丑，其数十二，又顺寅卯辰而为十五，偶日之次也。其曰二局者，凡连举二奇必一阴而一阳，凡连举二偶，必一阳而一阴，以两一而二也。七其二而十四，终于十五不及二耳。

如前说，水为五行之始，天之精，所以排布时只有顺行而无逆行。水二局初一起于丑，排奇数日，顺行一周为十二日，终于子。再从丑顺排，经丑、寅、卯，恰好排完十五个奇日，这是初一、初三……二十九日生人紫微星的排法。初二从寅起，依然顺行一周十二日，到丑终。继续顺数寅、卯、辰直到第十五个偶数日，这是初二、初四……三十日生人紫微星的排法。之所以叫二局，是因为连续排两个奇数日必然经一阴宫一阳宫，比如初五在卯宫为阴宫，数至辰为阳宫排初七，即一阴一阳。同样，连排两个偶数宫，则必然经一阳宫和一阴宫，两个一即为二。二七得十四，不到十五，所以最后一个单独的日排在卯宫（二十九日）、辰宫（三十日）。

3. 金四局各日紫微星所在

金四局以四为断，凡连举四奇必二阴而二阳，凡连举四偶必二阳而二阴，奇则顺而偶则逆也。其奇顺而四，先二阴后二阳者，其后阳之先与先阴之后，则顺中之逆也。次四之首即始四之二，再次四之首即次四之二，其数十二。而十三奇之首即再次四之二，终于十五，不及四耳。偶逆而四，先阳二后阴二者，后阴之先即先阳之后，则逆中之顺也。初四之首为次四之二，次四之首为再次四之二，其数十二。再次四之首于十三，偶为次二，终于十五，不及四耳。

金四局以四位单位，连着排四个阳日必然经过两阴宫、两阳宫；反之，连排四个偶数日必经两阳宫、两阴宫。比如初一在亥，初三在丑，即两阴宫；初五在子，初七在寅，即两阳宫。初二在辰，初四在寅，即两阳宫；初六在巳，初八在卯，即两阴宫。奇数日先顺排，偶数日先逆排。

奇数日以四数为单位先顺排。先两阴宫再两阳宫，第二个阴宫和第二个阳宫之后为逆序排，是为“顺中之逆”，比如初一在亥顺至初三在丑，丑逆序至初五在子，顺至初七在寅，逆至初九在丑。第二个四数单位的第一宫（“次四之首”）即第一个四数单位的第二宫，如初九在丑，是第二个四数单位的第一宫，而丑也排初三，正好是第一个四数单位的第二宫。第三个四数单位的第一宫（“再次四之首”）为第二个四数单位的第二宫。这样排三个四数单位，共走十二步。排第十三步，即第四个四数单位的第一宫，为第三个四数单位的第二宫，即二十五在巳宫，也含十九，为上个四数单位的第二宫。二十五在巳宫，二十七在未宫，二十九在午宫，不满四数，所以“终于十五”（十二步加三步）。

偶数日以四数为单位先逆排。每个四数单位都是先经历两个阳宫，再两个阴宫。第二个阳宫和第二个阴宫之后顺排，即“逆中之顺”。比如第一个四数单位，初二起于辰宫为阳宫，逆数至寅宫排初四为阳宫，再顺至巳宫排初六为阴宫，再逆至卯宫为初八。从卯宫再顺至午宫排初十。之后“初四之首为次四之二，次四之首为再次四之二，其数十二。再次四之首于十三，偶为次二，终于十五，不及四耳”，与上段奇数日的排法一样，不赘述。

4. 火六局各日紫微星所在

火曰六局，以六为断。凡举六奇，必三阴而三阳。凡举六偶，必三阳而三阴。奇则顺而偶则逆也。奇顺而六，先阴三后阳三者，其各三之次，首中尾各顺序也。次六阴之首即始六阴之中，次六阳之首即始六阳之中，其数十二。而十三奇复首，即次六阴之中，终于十五，不及六耳。

火六局以六数为单位排布。连排六个奇数日，必然是先三阴宫，再三阳宫。连排六个偶数日，则是先三个阳宫，再三个阴宫。奇数日先顺排，偶数日先逆排。奇日先顺排，走六步，先三个阴宫，再三个阳宫，如初一在酉为阴宫，顺排到亥为初三为阴宫，顺排到丑为初五为阴宫，此三数。然后逆排到戌为初七为阳宫，顺排到子为初九为阳宫，顺排到寅为十一为阳宫，此三数。为第一个六数单位。从寅逆排到亥为十三，排第二个六数单位……“其各三之次，首中尾各顺序”，指走三步后的下一宫恰好接在上三步的第一步，比如初七戌宫接在初一酉宫（首）后，十三亥宫接在初七戌宫（中）后，十九子宫接在十三亥宫（尾）后，依次顺序。第二个六数单位的第一宫（阴宫）即第一个六数单位阴宫的中间宫（共三阴宫，中间宫即第二宫），如第二个六数单位的第一宫是十三在亥，即第一个六数单位中三阴宫的中间宫初三在亥。“次六阳之首即始六阳之中”，同理，不赘述。十二步之后，第十三步在丑为二十五，再走三步为二十七、二十九，共十五步，不满六数。

5. 木三局各日紫微星所在

> 木曰三局，以三为断。三则不能半之，以分其阴阳故，阳属奇而阴属偶。凡奇三阳，首阳连位逆而中，中阳重位以为尾。凡偶三阴，首阴隔位，顺而中，中阴连逆以为尾。而其后之首、中、尾各递顺焉。计诸阳则寅午戌凡八，而辰申子凡七。计诸阴则卯未亥凡七，而丑巳酉凡八焉。

木三局以三数为单位排布。三不能对半分为阴阳，所以阳宫排奇日，阴宫排偶日。奇数日以每三个阳宫为单位来排布，分首阳、中阳、尾阳。“首阳连位逆”指三阳中的第一数，比如初一在辰，连位逆即连退两宫到寅，“中阳重位”指中阳即寅宫排两个奇数日即初三、初五，即中阳、尾阳在同一宫。此为一个三数单位。第二个三数单位是从上一个三数单位的首阳所在的宫，即辰宫前进到下一个阳宫即午宫，排初七为首阳。然后初七退两宫排初九、十一为中、尾阳。再从下个阳宫即申宫排十三。这样，初一在辰位为首，下个三数单位之首在午，中、尾在辰，所以称“其后之首、中、尾各递顺焉”。

“凡偶三阴，首阴隔位，顺而中，中阴连逆以为尾”，指三个偶数日为一个单位的排法。比如说初二在丑（阴宫）为首阴，隔位顺即隔掉下一个阴宫即卯宫，到巳宫即中阴宫排初四；从巳宫再连续逆行两步，到卯宫为尾阴宫排初六。再从初六排下个三数单位之首，即初八也在卯宫，依此类推，即“首、中、尾各递顺焉”。

“计诸阳则寅午戌凡八，而辰申子凡七”，指阳宫即寅、午、戌宫共有八个奇日；而辰、申、子三个阳宫共有七个奇日。“计诸阴则卯未亥凡七，而丑巳酉凡八焉”，指阴宫即卯、未、亥共有七个偶日，丑、巳、酉共有八个偶日。

6. 土五局各日紫微星所在

土曰五局，以五为断。五则不能半之以分其阴阳，故阳属奇而阴属偶。凡奇五，阳先逆四而末一顺，次五之首始五之末之冲也。再次五之首，次五之末之冲也。凡偶五，阴先顺二乃中冲之，而逆三。次五之首，始五之二也。再次五之首，次五之二也。土而五矣，阳之逆顺以四一，阴之逆顺以二三，河图二老二少之所，以成中五也。而凡三，其五之首、项、腰、腹、尾各递顺焉。计诸阳则午寅戌凡八，而辰子申凡七。计诸阴则丑巳酉凡七，而亥未卯凡八焉。此月三十日之局数也。

土五局以五数为单位排布。五和上面的三一样，不能对半分阴阳，所以还是阳宫排奇日，阴宫排偶日。奇日在阳宫排布，“阳先逆四而末一顺”，即先逆四个阳宫排四日，如初一在午，则初三在辰，初五在寅，初七在子，然后从初七顺一阳宫到寅为排初九。下一阳日即十一日则依照“次五之首始五之末之冲也”，排在上一个五数单位最后一位的对宫，如初九在寅宫，则十一在其对宫申宫，即第二个五数单位之首。“再次五之首，次五之末之冲也”，同理，第二个五数单位的最后一宫的对宫，排第三个五数单位的第一宫。如第二个五数单位之首为申宫排十一，则逆四宫，十三在午，十五在辰，十七在寅，顺一宫十九在辰。辰的对宫为戌，排二十一，为第三个五数单位之首，然后逆四宫，二十三在申，二十五在午，二十七在辰，顺一宫二十九在午。

偶日在阴宫也以五数排布，先顺行两宫排一日，然后在其对宫排一日，再逆行两次排后两个阴日。如初二在亥，顺行两宫排初四在丑，丑的对宫为未宫排初六，从初六逆行到巳宫排初八，再逆行到卯宫排初十。此为一个五数单位。第二个五数单位的第一宫在第一个五数单位的第二宫，即十二在丑宫。然后“再次五之首，次五之二也”，同理，不赘述。这就将口诀中排六日、九日的奥秘也揭开了。

土在数为五，阳数以四、一逆顺排，阴数以二、三顺逆排，是因为一、二、三、四分别为河图中的太阳、太阴、少阳、少阴，而成中五。“计诸阳则午寅戌凡八，而辰子申凡七。计诸阴则丑巳酉凡七，而亥未卯凡八焉”，阳宫寅、午、戌共排八个奇日，辰、子、申共排七个奇日；阴宫丑、巳、酉共排七个偶日，亥、卯、未共排八个偶日。

至此，邱维屏便将南派紫微斗数五行局之局数，以及五行局中各日生人的紫微星排布，通过易理、阴阳、五行配合数学推算规则阐释透彻了。当中还有更多精彩发挥，笔者将原文全篇和讲解放在附录，供精研术数者切磋。

第六章　辩诸家论

如开篇所说，迄今关于紫微斗数源流的专门研究非常少。除去坊间一些毫无道理又自命不凡的胡言乱语，值得进行学术探讨者有如下议题：紫微斗数是否来自五星术；紫微斗数是否来自太乙人道命法；南派斗数与北派斗数之联系。下面依次解析。

一、紫微斗数与五星术

梁湘润曾说："紫微斗数原本是脱胎于张果星宗，自明代华山了然道长传罗洪先以来，日益为方家之所尊崇。"[①]

① （宋）陈希夷著、梁湘润校编：《紫微斗数全书》，文源书局，1989 年，序言第 1 页。

因梁湘润的著作都以南派斗数为底本，并明确提到罗洪先之序，故此处所说紫微斗数仅指南派。不仅是梁湘润，现代不少民间学者都认为南派斗数来自五星术。

关于这个问题，实际上《捷览》在开篇“紫微斗数总括”中便直接说明清楚了：“希夷仰观天上星，作为斗数推人命。不依五星要过节，只论年月日时生。……若能依此推人命，何用琴堂讲五星。”说陈希夷创作斗数来推算个人命运，并不依据“五星过节”即行星的实际运行来推算，而只用出生者的“年月日时”就可以。尤其是“何用琴堂讲五星”，以及文中白玉蟾[①]说“观夫斗数，与五星不同。按此星辰，与诸术大异，”则是明确说南派斗数不是五星术。而谭贡在《捷览》序二中说斗数“真若丽中天而超五星诸数上矣”，更是表达紫微斗数远比五星术高明。

本书前面几章花较大篇幅仔细分析了南派斗数的创作原理，证明的确如《捷览》所说并非来自五星术。虽然它在推断思路上借鉴了域外星命术的一些元素，但本质上已经完成了用中国术数之数学循环模型代替域外实际星曜模型，以及用北极 / 北斗核心彻底取代黄道十二宫的关键

① 《捷览》第 99 页“斗数发微论”。

性过程，从而成功创作出中国本土的星命术。至于北派斗数，如上章所说的确是吸收和沿袭了五星术很多内容与思路，倒可以说是来自五星术。

不过，梁湘润老先生做出这样的判断情有可原。因为他显然不知道有北派即道藏版斗数，也不知道南派斗数还有《捷览》这一更完整的版本，并且对于古代天文学、域外星命术也涉猎较浅，不免在深入探究紫微斗数之源流时受限颇多。但因其毕生专精子平术和五行大义等领域，所以《紫微斗数考证》中的相关部分亦有很高参考价值，尤其能够从实断角度对紫微斗数有不同理解，值得精读。

二、紫微斗数与太乙人道命法

何丙郁在《从科学史观点试探奇门遁甲》[①] 中讲“三式”时提到，“唐代印度密教高僧把希腊托勒密的星占学传入东土，于是东西文化交流产生一种太乙人道推命法，经历数百年的演变成为现代流行在华人社会的紫微斗数。”

① 何丙郁:《从科学史观点试探奇门遁甲》,《西北大学学报（自然科学版）》,1998 年第 2 期，第 1—3 页。

既然说是现代流行的紫微斗数，那必然指南派斗数。而关于他提到的太乙人道命法，粗查有几个版本：即（宋）马端临撰《文献通考·经籍考》中《太乙命诀》（1卷），（明）潘元焯抄《太乙命书》（上下卷），（清）陈梦雷等辑《古今图书集成》中所收《太乙人道命法》（6卷）。其他间接文献中极少提及，可见并不为大众所知。

卢央在对太乙式进行介绍时，也提到由其发展而来的占测普通人（非帝王）命运的太乙人道命法，但由于不那么容易，所以并不流行。[①] 在本书第三章介绍数学循环模式下的军国星占术中，具体演示了太乙式的原理和排布方法。再简单看一下太乙人道命法，卢央将其总结为七个步骤[②]：①求积日数；②由积日数求得太乙诸将，包括太乙十神；③求太乙命局。如天盘命宫、身宫，后天十二宫等；④排十六神加以十格推命；⑤求大游真数，百六流年，阳九各限，行宫运限以推运；⑥以神煞等推流年神式，流年卦体以推行年；⑦太乙数占和太乙命格。

① ②见前面太乙式布式，不再赘述。③中同其他星命

---

① 卢央著：《中国古代星占学》，北京：中国科学技术出版社，2012年，第303页。

② 同上，第382–383页。

术一样，出现了命宫和身宫的概念，我们可以大致看一下排法。书中举例某女出生四柱为：乙丑、丁亥、庚辰、丙子。先列出九宫格配十二地支称为“地盘”，将生月的地支“亥”加在时支“子”，再依次逆排十二地支即为“天盘”。将年支“丑”加在地盘的月支“亥”上，逆数到时支“子”即在子宫安命宫（依盘主生日之干，阳男阴女顺数，阴男阳女逆数。庚辰日为阳女，故逆数）。将月支“亥”加在地盘日支“辰”上，顺数到生时“子”即在巳上安身宫（依盘主生月之干，阳男阴女顺数，阴男阳女逆数。丁亥月为阴女，故顺数）。由此可见，太乙人道命法的命身宫安法与紫微斗数完全不同，是依照盘主出生年日月时之干支而非阴历月和日（如四月十三日）来排布，且按照规则，命宫由年、月、时决定，身宫由月、日、时决定。这显然是不同于紫微斗数和域外星命术的另一种排法。之后排后天十二宫，是从命宫起顺布，依次为一命宫、二兄弟宫、三妻妾宫、四子女宫、五财帛宫、六田宅宫、七官禄宫、八奴仆宫、九疾厄宫、十福德宫、十一相貌宫、十二父母宫，与其他星命术的十二宫排列顺序又不同。再看④排布十六神，既有与太乙式十六神相同者如主客大小将、小游、文昌、计神、始击等八神，又有依照新的算术规则求得之五福、君基、臣基、民基等。

所谓十六神，可以理解为等同于紫微斗数所用的虚拟“星曜”，将其排布在十二宫中，便可进行推算。太乙人道命法的推算规则非常繁复丰富，既有承袭太乙式之掩、迫、关、囚等十格，比如小游和始击同宫叫“掩”，“少年遇此则酒色猖狂，悖道逆理；老年逢之则主疾病丧亡……”，又有依据五行生成数和易卦等推算之法。至于与其他星命术相似处，主要体现在各神（星曜）之星情、旺陷、化曜、临十二宫（支）论等。比如论计神，分①计神总论：一名财宝星，又名天机星，乃图计之宿也，能量天地人间之事，布算岁月日时……在人身命日时为财宝星，主千变万化，百谋百中。与吉神相并，贵显清高；与凶神相会，虚名虚利。②旺陷例：计神阴土星。旺辰戌丑未，陷寅卯。③化曜：天机、天宝，财星。④临十二宫分歌：子位天机果是奇，吉曜同临世所稀……丑位计神名天侍，计较有余人莫比，……寅位计神曰阴鬼，千谋百计不荣身，…… ⑤上中下三等论。⑥计神星杂论。（略）十六神各星，都依此体例进行论述，逻辑很是规整严谨。可见此命法也非江湖术士糊弄之作。

由上可知，太乙人道命法虽然有命身宫和后天十二宫的概念，但排布原理以及十二宫顺序与紫微斗数和域外星命术都不同。十六神的算法更是与它们相差较大。要说相似处，也就是十六神（等同于虚拟星曜）之星情、旺陷、临十二宫分论等论法，但这是域外星命术、五星术和紫微斗数之论断所共有。因此，太乙人道命法更像是受域外生辰星占术刺激，以太乙式为主要根基创作的融合较多本土术数元素的星命术，若说紫微斗数（包括南北派）由其而来，目前看证据是相当不充分的。

三、南北派紫微斗数之联系与创作先后

关于（南派）紫微斗数的来源，何丙郁说“大概是源出《道藏》和《太乙人道命法》这类的书”[①]。上节已经分析，来自太乙人道命法的证据非常不充分。那么，南派斗数是否来自道藏版斗数呢？何丙郁给出的理由是，道藏版斗数（北派）是方形命盘图，而现代流行的斗数命盘（南派）与之形式相近，所以来自前者。前面分析过，紫微斗

① 何丙郁著：《何丙郁中国科技史论集》，辽宁：辽宁教育出版社，2001 年，第 253 页，《紫微斗数与星占学的渊源》。

数这种方形命盘应该是来自古老的九宫八卦和十二辰 / 支之融合，并借鉴式盘之天盘 / 地盘思维而成，且南北派斗数均出自明代晚期，所以仅靠命盘形式是无法断定谁先谁后的。

另外，王亭之在《从十八飞星到紫微斗数》一文中，也做出过南派斗数来自北派或者说十八飞星的断语。他是通过对比南北派斗数中性质或名称相似的星曜来当作论据。比如说，北派斗数有天印一星，“又名帝符，主统镇之象，杀伐之权。庙子，旺辰卯，乐亥。居身命宫主权贵福多。……”南派斗数中天相一星则“化气曰印”，所以认为天相来自天印，而“虽然依照星情解释与天印性质不同”，但认为不过是“发展过程中的变异”。再如说北派中的天寿发展成为南派中的天梁，因为“天寿星居南为老人星，守垣中主长生。庙亥、旺酉、乐寅。守人身命宫主高福延寿，因寿得禄。”而天梁守身命宫，会照吉曜，一生多福多寿，从而与天寿星的“高福延寿”相同。又说天库发展成天府，等等。

实际上，依照本书前面章节对于南北派斗数星曜的溯源可知，南派斗数中之天相、天梁、天府等名称，在隋唐时期的星占书及道教经典中便已有清晰的天文及星情解释，北派斗数诸星曜则未见出现。而依照排布及推算原理，南派斗数的逻辑性、系统性以及本土化程度都高于北派斗数，更重要的是已经分析过，北派斗数所用之十八颗主要星曜除去紫微星（加上文昌星）跟南北斗各星曜基本没什么关系，所以更像是先有南派之“紫微斗数”，又借其名称融合五星术而创作的一种星命术。王亭之的结论不仅证据不足，并且预设了十八飞星（北派斗数）出在南派斗数之前这一不足为凭的条件，所以不可信。

综上，只能确定南北派斗数都是在域外星命术的刺激下，尝试融合本土天文术数元素而创作的星命术，至于两者之间的联系尚不明显。至于孰先孰后，就目前的证据和分析，笔者倾向认为南派斗数在前。最后，稍微说几句研究态度的问题。大概因为笔者本科阶段接受了五年的理科教育，比较重视原理、论据、演绎过程和结论的逻辑严谨性，所以认为不论做何种研究，提出观点尤其是做出判断还是要建立在材料收集充分并梳理清晰的基础上。不迷信权威，不妄下结论，才是推动一门学科持续、深入、健康发展的前提和必要条件。

第七章　总结

至此，关于紫微斗数之版本、分派、创作者和创作年代、创作原理解析和溯源等，已经梳理论述完毕。大致总结如下：

第一，综合可查阅的几十种古籍原本，将紫微斗数分为两大派，分别为南派、北派。南派是以紫微、天机、太阳、武曲、天同、廉贞、天府、太阴、贪狼、巨门、天相、天梁、七杀、破军等十四颗主星搭配十二宫为基本构成；北派是以紫微、天虚、天贵、天印、天寿、天空、红鸾、天库、天贯、文昌、天福、天禄、天杖、天异、毛头、天刃、天姚、天刑等十八颗主星搭配十二宫为基本构成。又分四个版本，南派有两种即《紫微斗数全书》《新刻纂集紫微斗数捷览》，北派为《续道藏》所收《紫微斗数》，另有《新刻合并十八飞星策天紫微斗数全集》为南北派的合并版。其中，南派《紫微斗数全书》为目前坊间最流行的版本。

第二，四种版本的紫微斗数均首见于明代晚期。经笔者论证，很大可能是先有南派《新刻纂集紫微斗数捷览》，然后是《紫微斗数全书》和《续道藏》版斗数，但难以确定先后，最后是《新刻合并十八飞星策天紫微斗数全集》。《续道藏》版斗数未署创作者。南派斗数署名陈抟著、白玉蟾增辑，内有罗洪先作序讲述得书经过。罗序应该为真，但是否创作者和补辑者确为陈抟、白玉蟾，按照道教及该派传承脉络来讲不排除可能性，但没有确凿证据。不过可以确定，南北派斗数在大规模刊刻流行之前，都由道教相关人士创造、补辑和流传。之后在坊间的流行大概有两次高潮，一是明代晚期，二是清末民国至今。可以确定，明代晚期是南北派斗数一起流行的，到清末民国至今则只剩下以《紫微斗数全书》为主的南派斗数，而很少见到北派的踪影了。

第三，南北派斗数虽然都名为紫微斗数，但不论星曜名称还是推算原理都完全是两套星命术系统。北派斗数沿袭了较多五星术的内容，如主星名与后者天干变曜之名称和含义上的相似、紫微星与紫气（四余之一）含义上的相似、身宫排法在天文学上的相似（月亮所在宫）等；另外还有星曜星情、庙乐旺状态、所成相位（三方四正），以及后天十二宫的名称、排布顺序、七强五弱等与五星术和域外星命术共通的部分。也就是说，北派斗数在创作原理上并未脱离五星术和域外星命术的框架，最重要的两处新意也是与南派斗数共通而不能说是其独创，即摒弃实际天文星曜而启用以数学规则为排布原理的虚拟星曜，以及逐渐以十二地支/辰的古代方盘形式代替五星术和域外星命术的黄道十二宫盘（但并不彻底）。笔者认为，这种对于域外星命术本土化和体系化改造的不成功，正是北派斗数和五星术自明末一起被逐渐淘汰，彻底让位于南派斗数和子平术的最关键原因。

南派斗数在创作原理上则只保留了其他星命术的后天十二宫（但排布顺序与北派斗数、五星术和域外星命术不同）、三方四正、星曜的星情和庙旺陷平状态等基本构成元素和推断方法，而彻底剔除了来自域外的黄道十二宫，且各宫不再分强弱，各主要星曜也不再有先天的吉凶属性而是辩证性的或好或坏。创作思路上，星曜名称可上溯至《春秋》《尔雅》之北极五星/北辰/紫微/太乙/天一等，各主星名如贪狼、破军、天梁等则最早见于隋唐《五行大义》《开元占经》《晋书·天文志》，又有重要道教典籍《北斗经》等采用同样名称体系。数理方面，其方形盘可能是古代九宫八卦与十二地支/辰的自然混合，天盘地盘之旋转概念来自式盘，而命/身宫以及紫微/天府之顺逆排布来自中国古代天文中的阳建/阴建和北斗之雌/雄二神。这就将起盘核心从域外特色的黄道带（黄道十二宫）彻底转换到中国古代天文中尊贵且极受重视的北极/北斗和南斗系统，这也是成功创造中国本土星命术最关键的一步。至于创作中最独特和精彩的部分，即五行局数与紫微星的排法则是易学、阴阳五行、古代数学综合起来的绝妙发挥，正文中以明末邱维屏《紫微斗数五行日局解》作为迄今为止最重要且唯一的底本做了详细阐释。至此，便可以说南派斗数是受到域外生辰星占学的启发，只保留其最基本构架，然后以中国古代星曜名称和术数思维来重新组织创造的一种真正的本土星命术。

多年来，一直有无数研究者想弄清紫微斗数的起源和创作原理，并试图找到它与天文学的联系，却始终不得其法。至此便能够知道，一是由版本不全所限，未能分清南北两派，尤其是没有找到并精研南派《捷览》版，从而错过重要内容；二是欠缺中国古代天文学的基本知识，如

紫微 / 太乙的历史来源、北斗星运动及其特殊重要性，黄（赤）道恒星与北极（紫微垣）恒星系统的差别以及日月五星的运行规律，还有岁星 / 太岁、阴建 / 阳建、北斗雌 / 雄神等以顺逆运行来彰显阴阳的天文概念，以及北斗 / 南斗星曜名称的来源、演变及星占含义等；三是欠缺古代术数的基本的知识，如九宫八卦、十二辰 / 支的天文溯源和含义、先天 / 后天八卦、式盘 / 式占等；四是欠缺中国古代数学的基本知识，最典型即邱维屏那篇《紫微斗数五行日局解》，如果对于经典中算著作和相关术语有过了解，很容易便可以读懂，这也是紫微斗数创作中最独特和精彩之处，即采用了古代数学的算法思维；最后，是对于世界及中国星命术的发展史和基本原理不够了解，不然很容易便能厘清域外星命术—五星术—紫微斗数这条线索，并能够迅速分清紫微斗数中的域外星占元素和中国本土杂糅以及独创的部分。

本书以探究紫微斗数之源流与创作思路为核心，将以上几大块中的相关内容也顺便做了自认为还算清晰的介绍和解释，恰好梳理出一条学习中国古代天文学 / 星命术 / 术数的脉络，有志拓展研究者可由此继续深入。然而本书的意义却并非仅在于此，因为国际天文学史界目前对于中国星占学有一结论，即中国本土只有军国星占学，而生辰星占学以五星术为代表则主要承袭域外星命术的构成元素和推断方法。虽然子平术广义来讲也属于星命术（叫禄命术更加恰当），但其排布原理是依据年月日时四柱干支的机械化循环流布配合节气（太阳运动），再以十神五行生克等来论，并不能作为以天文学为基础的生辰星占术的典型。紫微斗数虽然采用虚拟星曜和机械循环的数学推算思维模式，但其三方四正（相位）、星曜星情和庙陷状态等则来自域外天文学，星曜名称和其他创作原理又多来自中国古代天文学，尤其是以北极/北斗/紫微等北天极为核心的星占体系自古为中国所独有，区别于世界上其他一切星占体系（基本都以黄道/黄赤道为核心）。所以笔者认为，总体来讲紫微斗数应该算是中国本土特有的生辰星占术，在世界天文学/星占史上占据独特且重要的一席之地。

本书从搜集材料到构思成书、申报选题到最终成书，只有一年半的时间。期间为使感兴趣者更好的理解本书，还特意开了为期半年、共两千人参加的古代天文学史网课来打基础，并在这个过程不断发现新东西来补充原稿，所以整个过程非常紧张仓促。除去时间紧迫，也受限篇幅，对于南派斗数当中的数理部分、北派斗数更深入的溯源

（可能跟古代丛辰家等有关）、几种星命术原理/算法上的更多横向比较等，都未能展开讨论，只能细水长流，留待日后与同好们共同完成。

附　录

附录一　（明）邱维屏《紫微斗数五行日局解》

（《邱邦士文集》卷2，邱维屏著，清道光十七年刻本）

紫微斗数主于北斗而配以南斗，南北斗之中有帝座焉，是曰紫微，故名紫微斗数也。凡北斗指寅而万物毕生，故十二辰以寅为斗所生之岁。取建寅之月，得其纳音，以次其生时，得时纳音所属五行，则五局分焉。然斗建之寅，地盘寅也，生之有定者也；天盘之寅，每前于地盘之寅，凡二舍焉。则天盘寅为地盘子，是从物生于寅，推而肇滋于天开之子也，箕尾二宿实当其次。箕，几也，根也，物之所始；尾，委也，缊也，物之所归皆系于此。《易》曰：艮也者，万物之所成，始而成终也，天汉之所加而冲络于觜参。而凡五局者，以天盘之寅申为之界，右参而左两也。右参者何？水局起于丑，金局起于亥，火局起于酉，阴支三也。左两者何？木局起于辰，土局起于午，阳支二也。参则阳而两则阴，今阴支三而阳支二，阴阳参两之交也。繇寅而右，丑当二故，曰二局。金当四故，曰四局。酉当六故，曰六局。繇寅而左，木当三故，曰三局。土当五故，曰五局。

木三金四而土五，生之数。水二次火之生数，火六次水之成数，天地之间水火而已，水火不交则万物不兴。水二而火六，水火交也。生数凡五而一，不可见成数。凡五而六以代一，阳无首而阴代终也。

右者自寅而数往，左者自寅而知来。水火，阴阳之老故，右之已。木金，阴阳之穉，宜皆左之。土则阴阳之冲，五行之库，亦宜右之。而右金，而左土，因纳音之土金易位也。

五局既以寅申为之界，藏界不见，则水右一而木左二，金右三而土左四，火居其右五者。《礼运》曰：播五行于四时，以子正水为之端，而卯正木、午正火、未正土、酉正金，继其序，为水木火土金之次者，此则法洛书之火金易位也。又置界不见而环之以为五序，则水木土火金。洛书按阴阳自太而少之环次图，则一水三木五土九金七火焉，此亦以火金而易位也。

每月之日三十分，其奇偶各十有五。此十五奇日，其初一所起，五局之分也。既得奇日，则知偶日之所起。偶者倍于奇者也，然奇阳则饶，偶阴恒乏，每缩一偶也。偶为二数，缩一偶则缩其二矣。水曰二局，倍二而四,四缩二而二，故水局初一丑而初二寅，丑寅左旋，顺至二舍也。金曰四局，倍四而八,八缩二而六，故金局初一亥而初二辰，亥辰左旋，顺至六舍也。火曰六局，倍六而十有二，十二缩二而十，故火局初一酉而初二午，酉午左旋，顺至十舍也。水金火居寅右申左，初一起三阴支者，皆左旋而顺也。木曰三局，倍三而六,六缩二而四，故木局初一辰而初二丑，辰丑右旋，逆至四舍也。土曰五局，倍五而十，十缩二而八，故土局初一午而二亥，午亥右旋，逆至八舍也。木土居寅左申右，初一起二阳支者，皆右旋而逆也。

又斗首于寅，初一阳奇不见其首，于是奇乃不数夫寅，而水一木二金三土四火五矣。初二阴偶，因贰致一，故偶遂并寅而数，则水之一而倍二以顺及寅，木之二而倍四以逆及丑，金之三而倍六以顺及辰，土之四而倍八以逆及亥，火之五而倍十以顺及午也。数则偶者，缩二而位。则偶者见寅，阴道自卑而上行，自卑则缩二，上行则见寅也。于是而初一之起于阴支者，初二必起于阳支，水金火是也。初一之起于阳支者，初二必起于阴支，土木是也。

然其后奇偶各十有四日，何以序之？其初一起阴支者，奇偶日俱并阴阳之支而为顺逆之序，阴道杂也。其初一起阳支者，分奇日于阳支，偶日于阴支，而为顺逆之序，阳道纯也。

水者，五行之始，天汉之精，其独顺而无逆乎，故起丑而终子，其数十二，又顺丑寅卯而为十五，奇日之次也。起寅而终丑，其数十二，又顺寅卯辰而为十五，偶日之次也。其曰二局者，凡连举二奇必一阴而一阳，凡连举二偶，必一阳而一阴，以两一而二也。七其二而十四，终于十五不及二耳。

金四局以四为断，凡连举四奇必二阴而二阳，凡连举四偶必二阳而二阴，奇则顺而偶则逆也。其奇顺而四，先二阴后二阳者，其后阳之先与先阴之后，则顺中之逆也。次四之首即始四之二，再次四之首即次四之二，其数十二。而十三奇之首即再次四之二，终于十五，不及四耳。偶逆而四，先阳二后阴二者，后阴之先即先阳之后，则逆中之顺也。初四之首为次四之二，次四之首为再次四之二，其数十二。而再次四之首于十三，偶为次二，终于十五，不及四耳。

火曰六局，以六为断。凡举六奇，必三阴而三阳。凡举六偶，必三阳而三阴。奇则顺而偶则逆也。其奇顺而六，先阴三后阳三者，其各三之次首中尾各顺序也。次六阴之首即始六阴之中，次六阳之首即始六阳之中，其数十二。而十三奇复首，即次六阴之中，终于十五，不及六耳。

木曰三局，以三为断。三则不能半之，以分其阴阳故，阳属奇而阴属偶。凡奇三阳，首阳连位逆而中，中阳重位以为尾。凡偶三阴，首阴隔位，顺而中，中阴连逆以为尾。而其后之首、中、尾各递顺焉。计诸阳则寅午戌凡八，而辰申子凡七。计诸阴则卯未亥凡七，而丑巳酉凡八焉。

土曰五局，以五为断。五则不能半之以分其阴阳，故阳属奇而阴属偶。凡奇五，阳先逆四而末一顺，次五之首始五之末之冲也。再次五之首，次五之末之冲也。凡偶五，阴先顺二乃中冲之，而逆三。次五之首，始五之二也。再次五之首，次五之二也。土而五矣，阳之逆顺以四一，阴之逆顺以二三，《河图》二老二少之所，以成中五也。而凡三，其五之首、项、腰、腹、尾各递顺焉。计诸阳则午寅戌凡八，而辰子申凡七。计诸阴则丑巳酉凡七，而亥未卯凡八焉。此月三十日之局数也。

然北斗也，南斗也，紫微也，天象可见而数未可见也。南斗六也，天机、天同逆而五，天府、天相顺而五，而连六以天梁，逆七以七杀，吾不得而知也。北斗七也，武曲、廉贞逆而五，破军、贪狼顺而五，而连六以巨门，其禄存无定位，位以岁之禄，文曲为定位，位以人所生之时，吾不得而知也。左辅之竝，武曲也，经差不越二十分，纬差不越二度，而左辅无定位，位命以辰而次人所生之月，谓其星舍于辰耶。然每不得与武曲值也，吾不得而知也。右弼，无星之星也，位以命以戌而次人所生之月，谓其配左辅耶。然辅顺而弼逆，至生巳亥月者则辅弼同舍也，吾不得而知也。

吾不知其所云而心识其妙，其奥劲博大处，世儒固难视其项背。

——彭躬庵

讲解

紫微斗数主于北斗而配以南斗，南北斗之中有帝座焉，是曰紫微，故名紫微斗数也。凡北斗指寅而万物毕生，故十二辰以寅为斗所生之岁。

紫微斗数主要是以北斗配南斗来起盘推算，南北斗当中有帝座为紫微，所以称作紫微斗数。“紫微”即紫微垣、紫微帝座，取周天主之意；“斗”为南、北斗；“数”即数理。这篇文章讲的就是当中蕴含之数理。北斗指寅而万物毕生，如前所说，虽然斗数各星已脱离实际星象，但是依然保留着斗柄指寅而万物生的含义，所以十二辰也以寅为北斗所生之岁，即斗数运算的起点。

取建寅之月，得其纳音，以次其生时，得时纳音所属五行，则五局分焉。

这句是前面所讲紫微斗数排命宫以及定五行局的方法

的浓缩。即先以五虎遁将盘主生年对应的寅月天干装在盘中寅支上，然后按照干支顺序依次在卯、辰等十一宫顺序排布。数至命宫，其干支纳音所属的五行即该盘所属的五行局。取建寅之月得其纳音，以次其生时，讲的就是排命宫的原理，不理解者可以翻看见面相关章节。

然斗建之寅，地盘寅也，生之有定者也；天盘之寅，每前于地盘之寅，凡二舍焉。则天盘寅为地盘子，是从物生于寅，推而肇滋于天开之子也。

斗建所指的寅，为地盘的寅，也就是十二地支当中的寅，是固定的。而天盘的寅与地盘的寅不同，是在地盘前两位的地方，即天盘的寅在地盘的子位上。这是因为天开于子，地辟于丑，人生于寅而万物生。

箕尾二宿实当其次。箕，几也，根也，物之所始；尾，委也，缊也，物之所归者，物之所归皆系于此。《易》曰：艮也者，万物之所成，始而成终也。天汉之所加而冲络于觜参。

箕、尾二宿为二十八宿体系当中东方苍龙七宿中的最后两宿。尾宿为第六宿，依《史记 · 天官书》“尾为九子，曰君臣，斥绝，不和”;《晋书 · 天文志》“尾九星，后宫之场，妃后之府”；又《黄帝占》“天江星（注：属于尾宿）如常，微小，则阴阳和，水旱调，其星明大，天下大水”。可见尾宿与君臣关系、后宫以及水之旱涝有关。箕宿为第七宿，依《史记·天官书》“箕为敖客，主口舌”;《晋书·天文志》“箕四星，亦后宫妃后之府……又主口舌，主客蛮夷胡貉。”故箕宿表示口舌、后宫、蛮夷胡貉等。但这些都与此文所说的意思不同，“箕尾二宿实当其次”指此二宿在寅位（见图 4–5）。箕宿，为根基之意，代表万物的开始和起点；尾宿为“缊”，通“蕴”，如《易 · 系辞上》“乾坤，其易之缊（蕴）”，为万物之所归，与箕宿的意义相对。

《易》曰：艮也者，万物之所成，始而成终也。艮在易经中对应寅位（东北方），所以引此语。天汉为银河，又解为浩瀚繁星，故将天汉加之寅位。寅位的对冲位为申，二十八宿当中的觜、参二宿在申位与寅位的箕、尾二宿对冲，故称“天汉之所加而冲络于觜参”。

而凡五局者，以天盘之寅申为之界，右参而左两也。右参者何？水局起于丑，金局起于亥，火局起于酉，阴支三也。左两者何？木局起于辰，土局起于午，阳支二也。参则阳而两则阴，今阴支三而阳支二，阴阳参两之交也。繇寅而右，丑当二故，曰二局。金当四故，曰四局。酉当六故，曰六局。繇寅而左，木当三故，曰三局。土当五故，曰五局。

这段非常重要，讲五行局的由来。是以天盘的寅申线为界，将其分为两部分，则右边有三局，即水、金、火局；左边有两局，即木、土局。右之三局，水局从丑宫开始，金局从亥宫开始，火局从酉宫开始，都是起于阴支。左之两局，木局从辰宫开始，土局从午宫开始，都是起于阳支。“三”在数为阳，“二”在数为阴，所以右之三局从阴支起，左之二局从阳支起，取阴阳三、二相交之意。

再说各局对应的数。“繇寅而右，丑当二故，曰二局”，因为寅为开始，故在数为一。繇通由，从寅一向右数，则丑在数为二，水局起于丑，所以水局为水二局。同理，寅一、丑二、子三、亥四，金局从亥起，在数为四，故金四局。寅一、丑二、子三、亥四、戌五、酉六，火局起于酉，酉在数为六，故酉六局。至于土局、木局，则从寅向左数，寅一、卯二、辰三，木局起于辰，木在数为三，故为木三局。寅一、卯二、辰三、巳四、午五，土局从午起，午在数为五，故为土五局。

> 木三金四而土五，生之数。水二次火之生数，火六次水之成数，天地之间水火而已，水火不交则万物不兴。水二而火六，水火交也。生数凡五而一，不可见成数。凡五而六以代一，阳无首而阴代终也。

这句是按照生、成数来解释五行局之数。按河洛理数，“天一生水，地六成之；地二生火，天七成之；天三生木，地八成之；地四生金，天九成之；天五生土，地十成之，”则生数为水一、火二、木三、金四、土五。但依照斗数的五行局数，则水为二，排在火的生数位“二”上，火在排在“六”，是原本水“一”的成数，为什么呢？因为“天地之间水火而已，水火不交则万物不兴”，水火即阴阳，取易学中水火既济之意，故水火交换位置。生数从一数到五，水虽然到了火的第二位，但火不能返回去到第一位，所以顺排到第六位，用来代表第一位（阳位），这便是“阳无首而阴代终也”。

右者自寅而数往，左者自寅而知来。水火，阴阳之老故，右之已。木金，阴阳之穉，宜皆左之。土则阴阳之冲，五行之库，亦宜右之。而右金，而左土，因纳音之土金易位也。

向右者自寅为一数起算，向左者亦自寅为一数起算。水、火为老阴、老阳，所以从寅起向右数；木、金为少阳、少阴，所以从寅起向左数。土为阴阳冲和而成，为五行之库，所以也从寅起向右行。然而紫微斗数的五行局为金从寅向右，土从寅向左，是因为纳音当中土、金交换了位置。（以上这些是易学基础知识，不理解者可自行补课，笔者不赘述）

五局既以寅申为之界，藏界不见，则水右一而木左二，金右三而土左四，火居其右五者。《礼运》曰：播五行于四时，以子正水为之端，而卯正木、午正火、未正土、酉正金，继其序，为水木火土金之次者，此则法洛书之火金易位也。又置界不见而环之以为五序，则水木土火金。洛书按阴阳自太而少之环次图，则一水三木五土九金七火焉，此亦以火金而易位也。

斗数五行局以寅申这一条线为界，若将这条界隐去，那么丑、卯便代替之前的寅而成为一数，随向左、向右来数，之前的局数各减掉一数就可以。所以说水右一（丑）、木左二（辰）、金右三（亥）、土左四（午）、火右五（酉）。《礼记·礼运》说播五行于四季，子正即水为开端，然后依次为卯正木、午正火、未正土、酉正金，即水、木、土、火、金的次序。（这是非常基础的知识，水正、木正、火正、金正分别在十二地支的子、卯、午、酉位，为气最纯，故称四正。四正对应四季，即冬、春、夏、秋。土为长夏。水、木、火、土、金即为冬、春、夏、长夏、秋之季节顺序。之所以从冬子月开始，是因为中国历法曾以子月为一年之首，故冬排在最前。虽然后来历法以丑或寅月为年首，但子为始的思想却在很多术数当中保留下来。）

然而斗数五行局为水、木、金、土、火的次序，是因为洛书当中火、金易位。这又从洛书的角度解释五行局的顺序，与上面以纳音解释相应。

每月之日三十分，其奇偶各十有五。此十五奇日，其初一所起，五局之分也。既得奇日，则知偶日之所起。偶者倍于奇者也，然奇阳则饶，偶阴恒乏，每缩一偶也。偶为二数，缩一偶则缩其二矣。水曰二局，倍二而四,四缩二而二，故水局初一丑而初二寅，丑寅左旋，顺至二舍也。金曰四局，倍四而八,八缩二而六，故金局初一亥而初二辰，亥辰左旋，顺至六舍也。火曰六局，倍六而十有二,十二缩二而十，故火局初一酉而初二午，酉午左旋，顺至十舍也。水金火居寅右申左，初一起三阴支者，皆左旋而顺也。木曰三局，倍三而六,六缩二而四，故木局初一辰而初二丑，辰丑右旋，逆至四舍也。土曰五局，倍五而十,十缩二而八，故土局初一午而二亥，午亥右旋，逆至八舍也。木土居寅左申右，初一起二阳支者，皆右旋而逆也。

（这段讲五行局各局中紫微星在初二的算法。紫微星的排布是这样，先排初一，然后给出一个规则，接下来排奇数日即初三、初五……二十九日紫微星所在的宫位；再排初二，给出另一个规则，然后再排偶数日即初四、初六……三十日紫微星所在的宫位。）

每月分三十日（注：斗数以阴历即月亮变化来推算，但有时三十日一月，有时二十九日一月，因术数家不一定是天文学家，推算时并不讲究精确。这样的例子比比皆是，不用刻意计较），奇、偶各十五日。奇日之首的初一，就起在各局对应的位置，如水二局、初一出生的人，紫微星就在丑位。知道初一所在的位置，就可以推出初二所在的位置。偶数是奇数的两倍，奇数为阳主富饶，偶数为阴主匮乏，所以每推算一次要减掉一个偶数。偶数初始为二，所以“缩一偶”就是减去二。

水二局在数为二，二的二倍为四，四减二为二。水二局初一在丑，初二就从丑向左数两位到寅，所以初二在寅。金四局在数为四，四的二倍为八，八减去二是六，从初一所在的亥位向左数六位，即辰位，所以初二在辰。火六局在数为六，六的二倍为十二，十二减二是十，初一在酉，左数十位到午，所以初二在午。前面已经分析说，水、火、金局在寅之右，初一分别在丑、亥、酉三个阴支，所以向左顺排（沿十二地支的顺序）。木三局在数为三，三的二倍为六，六减二为四，初一在辰，逆地支顺序向右数四位即丑位，所以初二在丑。土五局在数为五，五的二倍为十，十减二为八，初一在午，向右数八位即亥，所以初二在亥。如前说，木、土在寅的左边，初一在辰、午二阳支，所以向右逆序而数。

又斗首于寅，初一阳奇不见其首，于是奇乃不数夫寅，而水一木二金三土四火五矣。初二阴偶，因贰致一，故偶遂并寅而数。则水之一而倍二以顺及寅，木之二而倍四以逆及丑，金之三而倍六以顺及辰，土之四而倍八以逆及亥，火之五而倍十以顺及午也。数则偶者，缩二而位。则偶者见寅，阴道自卑而上行，自卑则缩二，上行则见寅也。

又如前所说，北斗建寅而万物生，故斗数起于寅。又寅申线藏，所以寅位不数初一之阳奇，从丑位水开始算，故顺序为水一木二金三土四火五。初二为阴为偶，二并作一，与寅位相并而长二，与上面所说的偶数缩二相抵。水一的二倍为二，从丑顺序数两位为寅，即初二。木二的二倍为四，如上说木局排初二要逆数，从初一的辰位逆数四位，得初二在丑。金三的倍数为六，从初一的亥位顺数六位，得初二在辰。土四的倍数为八，从初一的午位逆数八位，得初二在亥。火五的倍数为十，从初一的酉位顺数十位，得初二在午。（与上面的计算方法得出同样的结论，即一个答案有多种解题思路）“数则偶者，缩二而位”，指上一段的推算思路，即加倍后减二。这是因为“阴道自卑”，阴道，即偶数日子所走的宫位，“自卑”即上面说的偶阴匮乏而缩二，正因为减了两数，所以正好在寅位起。

> 于是而初一之起于阴支者，初二必起于阳支，水金火是也。初一之起于阳支者，初二必起于阴支，土木是也。然其后奇偶各十有四日，何以序之？其初一起阴支者，奇偶日俱并阴阳之支而为顺逆之序，阴道杂也。其初一起阳支者，分奇日于阳支，偶日于阴支，而为顺逆之序，阳道纯也。

由以上这些推算可以看出，初一起于阴支的，初二必起于阳支，即水、金、火局。初一起于阳支的，初二必起于阴支，即土、木局。排完初一、初二，还有二十八天，奇、偶各十四天，该如何排呢？初一起于阴支者（水、金、火局），由于阴为杂，所以奇偶日按照顺逆序混排在各阴阳支宫。初一起于阳支者（土、木局），由于阳为纯，所以奇日在阳支宫，偶日在阴支宫，然后顺逆序排。

水者，五行之始，天汉之精，其独顺而无逆乎，故起丑而终子，其数十二，又顺丑寅卯而为十五，奇日之次也。起寅而终丑，其数十二，又顺寅卯辰而为十五，偶日之次也。其曰二局者，凡连举二奇必一阴而一阳，凡连举二偶，必一阳而一阴，以两一而二也。七其二而十四，终于十五不及二耳。

如前说，水为五行之始，天之精，所以排布时只有顺行而无逆行。水二局初一起于丑，排奇数日，顺行一周为十二日，终于子。再从丑顺排，经丑、寅、卯，恰好排完十五个奇日，这是初一、初三……二十九日生人紫微星的排法。初二从寅起，依然顺行一周十二日，到丑终。继续顺数寅、卯、辰直到第十五个偶数日，这是初二、初四……三十日生人紫微星的排法。之所以叫二局，是因为连续排两个奇数日必然经一阴宫一阳宫，比如初五在卯宫为阴宫，数至辰为阳宫排初七，即一阴一阳。同样，连排两个偶数宫，则必然经一阳宫和一阴宫，两个一即为二。二七得十四，不到十五，所以最后一个单独的日排在卯宫（二十九日）、辰宫（三十日）。

金四局以四为断，凡连举四奇必二阴而二阳，凡连举四偶必二阳而二阴，奇则顺而偶则逆也。其奇顺而四，先二阴后二阳者，其后阳之先与先阴之后，则顺中之逆也。次四之首即始四之二，再次四之首即次四之二，其数十二。而十三奇之首即再次四之二，终于十五，不及四耳。偶逆而四，先阳二后阴二者，后阴之先即先阳之后，则逆中之顺也。初四之首为次四之二，次四之首为再次四之二，其数十二。而再次四之首于十三，偶为次二，终于十五，不及四耳。

金四局以四位单位，连着排四个阳日必然经过两阴宫、两阳宫；反之，连排四个偶数日必经两阳宫、两阴宫。比如初一在亥，初三在丑，即两阴宫；初五在子，初七在寅，即两阳宫。初二在辰，初四在寅，即两阳宫；初六在巳，初八在卯，即两阴宫。奇数日先顺排，偶数日先逆排。

奇数日以四数为单位先顺排，先两阴宫再两阳宫，第二个阴宫和第二个阳宫之后为逆序排，是为“顺中之逆”，比如初一在亥顺至初三在丑，丑逆序至初五在子，顺至初七在寅，逆至初九在丑。第二个四数单位的第一宫（“次四之首”）即第一个四数单位的第二宫，如初九在丑，是第二个四数单位的第一宫，而丑也排初三，正好是第一个四数单位的第二宫。第三个四数单位的第一宫（“再次四之首”）为第二个四数单位的第二宫。这样排三个四数单位，共走十二步。排第十三步，即第四个四数单位的第一宫，为第三个四数单位的第二宫，即二十五在巳宫，也含十九为上个四数单位的第二宫。二十五在巳宫，二十七在未宫，二十九在午宫，不满四数，所以“终于十五”（十二步加三步）。

偶数日以四数为单位先逆排。每个四数单位都是先经历两个阳宫，再两个阴宫。第二个阳宫和第二个阴宫之后顺排，即“逆中之顺”。比如第一个四数单位，初二起于辰宫为阳宫，逆数至寅宫排初四为阳宫，再顺至巳宫排初六为阴宫，再逆至卯宫为初八。从卯宫再顺至午宫排初十。之后“初四之首为次四之二，次四之首为再次四之二，其数十二。再次四之首于十三，偶为次二，终于十五，不及四耳”，与上段奇数日的排法一样，不赘述。

火曰六局，以六为断。凡举六奇，必三阴而三阳。

凡举六偶，必三阳而三阴。奇则顺而偶则逆也。其奇顺而六，先阴三后阳三者，其各三之次，首中尾各顺序也。次六阴之首即始六阴之中，次六阳之首即始六阳之中，其数十二。而十三奇复首，即次六阴之中，终于十五，不及六耳。

火六局以六数为单位排布。连排六个奇数日，必然是先三阴宫，再三阳宫。连排六个偶数日，则是先三个阳宫，再三个阴宫。奇数日先顺排，偶数日先逆排。奇日先顺排，走六步，先三个阴宫，再三个阳宫，如初一在酉为阴宫，顺排到亥为初三为阴宫，顺排到丑为初五为阴宫，此三数。然后逆排到戌为初七为阳宫，顺排到子为初九为阳宫，顺排到寅为十一为阳宫，此三数。为第一个六数单位。从寅逆排到亥为十三，排第二个六数单位……“其各三之次，首中尾各顺序”，指走三步后的下一宫恰好接在上三步的第一步，比如初七戌宫接在初一酉宫（首）后，十三亥宫接在初七戌宫（中）后，十九子宫接在十三亥宫（尾）后，依次顺序。第二个六数单位的第一宫（阴宫）即第一个六数单位阴宫的中间宫（共三阴宫，中间宫即第二宫），如第二个六数单位的第一宫是十三在亥，即第一个六数单位中三阴宫的中间宫初三在亥。“次六阳之首即始六阳之中”，同理，不赘述。十二步之后，第十三步在丑为二十五，再走三步为二十七、二十九，共十五步，不满六数。

木曰三局，以三为断。三则不能半之，以分其阴阳故，阳属奇而阴属偶。凡奇三阳，首阳连位逆而中，中阳重位以为尾。凡偶三阴，首阴隔位，顺而中，中阴连逆以为尾。而其后之首、中、尾各递顺焉。计诸阳则寅午戌凡八，而辰申子凡七。计诸阴则卯未亥凡七，而丑巳酉凡八焉。

木三局以三数为单位排布。三不能对半分为阴阳，所以阳宫排奇日，阴宫排偶日。奇数日以每三个阳宫为单位来排布，分首阳、中阳、尾阳。“首阳连位逆”指三阳中的第一数，比如初一在辰，连位逆即连退两宫到寅，“中阳重位”指中阳即寅宫排两个奇数日即初三、初五，即中阳、尾阳在同一宫。此为一个三数单位。第二个三数单位是从上一个三数单位的首阳所在的宫，即辰宫前进到下一个阳宫即午宫，排初七为首阳。然后初七退两宫排初九、十一为中、尾阳。再从下个阳宫即申宫排十三。这样，初一在辰位为首，下个三数单位之首在午，中、尾在辰，所以称“其后之首、中、尾各递顺焉”。

“凡偶三阴，首阴隔位，顺而中，中阴连逆以为尾”，指三个偶数日为一个单位的排法。比如说初二在丑（阴宫）为首阴，隔位顺即隔掉下一个阴宫即卯宫，到巳宫即中阴宫排初四；从巳宫再连续逆行两步，到卯宫为尾阴宫排初六。再从初六排下个三数单位之首，即初八也在卯宫，依此类推，即“首、中、尾各递顺焉”。

“计诸阳则寅午戌凡八，而辰申子凡七”，指阳宫即寅、午、戌宫共有八个奇日；而辰、申、子三个阳宫共有七个奇日。“计诸阴则卯未亥凡七，而丑巳酉凡八焉”，指阴宫即卯、未、亥共有七个偶日，丑、巳、酉共有八个偶日。

土曰五局，以五为断。五则不能半之以分其阴阳，故阳属奇而阴属偶。凡奇五，阳先逆四而末一顺，次五之首始五之末之冲也。再次五之首，次五之末之冲也。凡偶五，阴先顺二乃中冲之，而逆三。次五之首，始五之二也。再次五之首，次五之二也。土而五矣，阳之逆顺以四一，阴之逆顺以二三，河图二老二少之所，以成中五也。而凡三，其五之首、项、腰、腹、尾各递顺焉。计诸阳则午寅戌凡八，而辰子申凡七。计诸阴则丑巳酉凡七，而亥未卯凡八焉。此月三十日之局数也。

土五局以五数为单位排布。五和上面的三一样，不能对半分阴阳，所以还是阳宫排奇日，阴宫排偶日。奇日在阳宫排布，“阳先逆四而末一顺”，即先逆四个阳宫排四日，如初一在午，则初三在辰，初五在寅，初七在子，然后从初七顺一阳宫到寅为排初九。下一阳日即十一日则依照“次五之首始五之末之冲也”，排在上一个五数单位最后一位的对宫，如初九在寅宫，则十一在其对宫申宫，即第二个五数单位之首。“再次五之首，次五之末之冲也”，同理，第二个五数单位的最后一宫的对宫，排第三个五数单位的第一宫。如第二个五数单位之首为申宫排十一，则逆四宫，十三在午，十五在辰，十七在寅，顺一宫十九在辰。辰的对宫为戌，排二十一，为第三个五数单位之首，然后逆四宫，二十三在申，二十五在午，二十七在辰，顺一宫二十九在午。

偶日在阴宫也以五数排布，先顺行两宫排一日，然后在其对宫排一日，再逆行两次排后两个阴日。如初二在亥，顺行两宫排初四在丑，丑的对宫为未宫排初六，从初六逆行到巳宫排初八，再逆行到卯宫排初十。此为一个五数单位。第二个五数单位的第一宫在第一个五数单位的第二宫，即十二在丑宫。然后“再次五之首，次五之二也”，同理，不赘述。

土在数为五，阳数以四、一逆顺排，阴数以二、三顺逆排，是因为一、二、三、四分别为河图中的太阳、太阴、少阳、少阴，而成中五。“计诸阳则午寅戌凡八，而辰子申凡七。计诸阴则丑巳酉凡七，而亥未卯凡八焉”，阳宫寅、午、戌共排八个奇日，辰、子、申共排七个奇日；阴宫丑、巳、酉共排七个偶日，亥、卯、未共排八个偶日。

然北斗也，南斗也，紫微也，天象可见而数未可见也。南斗六也，天机、天同逆而五，天府、天相顺而五，而连六以天梁，逆七以七杀，吾不得而知也。北斗七也，武曲、廉贞逆而五，破军、贪狼顺而五，而连六以巨门，其禄存无定位，位以岁之禄，文曲为定位，位以人所生之时，吾不得而知也。左辅之竝，武曲也，经差不越二十分，纬差不越二度，而左辅无定位，位命以辰而次人所生之月，谓其星舍于辰耶。然每不得与武曲值也，吾不得而知也。右弼，无星之星也，位以命以戌而次人所生之月，谓其配左辅耶。然辅顺而弼逆，至生巳亥月者则辅弼同舍也，吾不得而知也。

然而北斗星、南斗星、紫微（垣）等，虽然可以从天象上观测，但是蕴含的“数”却看不到。南斗诸正星中，天机、天同逆而五，天府、天相顺而五，连六以天梁，逆七以七杀，这种排布的规则我不知道为什么。北斗七星中，武曲、廉贞逆而五，破军、贪狼顺而五，而连六以巨门，我不知道排布规则是什么。禄存以岁之禄（如甲禄在寅），文曲以人所生之时来定位，还有左辅、右弼之排布道理等，我都尚未弄清。

吾不知其所云而心识其妙，其奥劲博大处，世儒固难视其项背。

——彭躬庵

附录二　命理学家、江湖骗子与中国星占术发展脉络——以明代《星学大成》序为例

（按：2022年春，笔者因疫情被困上海，原计划之访学暂且搁置。百无聊赖下，遂开个人公众号随便写些文章，以飨同好，并以此转移注意力，排遣心中苦闷。这篇是以明代《星学大成》序言为范本，一方面介绍中国星命术之发展史略，一方面解答长期以来大众关于星命术的一些疑惑和误解。全文比较轻松，很适合初学者入门并建立正确观念。故收入附录。）

今天这篇写得非常轻松，毕竟是现专业及多年兴趣所在，又不用像写佛道的东西那样，字字句句都要反复斟酌，如履薄冰。说是解读古文，其实最主要目的是解答大家长期以来关于星命术的一些疑惑和误解。前阵子刷文献读到《星学大成》序言，觉得恰好是个不错的文本，可以借此为凭来边梳理边解答。顺便给大家做个示范——中国

术数自古就是门大学问，不论是官方组织著书编纂，还是民间术士相继流传，都是有据可依的，而不是信口胡说。

《星学大成》的编纂者是明代嘉靖进士万育吾，也是做官遭陷害，回家研究星象搞玄学去了。有没有觉得很熟悉？之前写过清代钦天监张永祚，虽然没遭陷害，但是预判出苗头不对，所以提前跑回家写书了。不光是他俩，我读这么多书，发现历史的某些方面就是在不断重演，很多人的剧本也差不多。像我非常喜欢的明代状元罗洪先，也是看不下当局黑暗，早早辞官回家研究地理学，在如今世界科学史上都是响当当的人物。南派紫微斗数的序言是他写的，满篇神采，每次读都觉着，状元不愧是状元，以后抽时间讲一下。从中我们也可以看出一件事，即，虽然都搞术数，也是有高低贵贱之分的。像万育吾、罗洪先这种被后世称作星命学家载入史册的，首先是读书好、有功名。这不是说学历控，而是中国术数有其文化特殊性，当中交织着儒释道三家思想、阴阳家思想、古代算学、天文学乃至后来的宋明理学等，又有明线与暗线、显语和隐语，若不能掌握足够广博的知识且天赋足够高，是没有办法真正学懂、学通的。很多人以为术数就是民间摆摊算命，那个在古代分在“下九流”中，算是民间谋生的手艺，得些口诀，掌握些话术，再雇点儿人传得神乎其神，生活是没问题的。是不是又觉得熟悉？对哈，其实跟现在算命卜卦的大V们差不多，靠些零碎的知识点，加上买营销，打造个IP来挣钱。而且特别逗，古代算命的往往居无定所，在这个地方待几个月，就跑到下个地方了。如今乡下似乎也是这样，不少人和我说，小时候是远方来个算命的给村里人算一下，待一阵就走。为什么呢？最主要原因是，在一个地方呆久了容易被揭穿。你想，他算你得推以后的运势吧？怎么也得一年后，连带上大运就十年、几十年。到时候不准，人家不得骂你？所以得赶紧跑，到下个地方接着来这么一套。是不是又觉得熟悉？跟现在某些大V被扒皮就注销开新号是一样的。所以，你读足够多的书，看足够多的世态，是真的会觉得历史的某些方面就是在不断重演，人还是这些人，剧本的核心也没变，只不过换个场景接着演。

但是文人落魄了，也会靠算命卜卦谋生。也算下九流吗？这个不算。文人普遍还是有一定道德水平和技术水准的，比较实诚，不敢乱说胡说，同行也尊重他们。所以江湖上有个规矩，这些文人出来干活儿，是要摆张桌子坐着算的。其他技术糊弄、不读书的，只能举个幡儿或者摆地摊儿。我们现在也能看到街边有铺张布、坐个小马扎算命看相的，这说明人家还是懂规矩的。关于这方面，推荐本书叫《江湖丛谈》，是民国的传奇人物连阔如先生写的。中国自古到今这些江湖行当如卖药、驯鸟儿、算命、说书的规矩、隐语、伎俩等，说得清清楚楚，非常有意思，大家开开眼——其实这些也算是传统文化啦！哎呀好像又偏题了。接着说回《星学大成》。是这样，中国星占术最早只有军国星占术（Judicial Astrology），大家应该是对它的另一个名字——世俗星占学（Mundane Astrology）更熟悉一些。名称不同，内容差不多，都是根据天象来判断宏观方面如气候、战争、灾难等。到隋唐，推算个人命运的星占术（Horoscope/Birth Chart）才随佛经传来，最具代表性的是不空翻译的《宿曜经》(《文殊师利菩萨及诸仙所说吉凶时日善恶宿曜经》)。

这就说到我硕士的专业，佛教之唐代密宗了。不空为开元三大士（另两位是善无畏、金刚智）之一，不但擅长密法，也懂得不少星占术（但水平不咋高，基本是佛经中印度星占学的这些，比起我的另一位偶像、同时期的僧一行来说是差太远了）。这部经介绍的就是印度生辰星占学的基本知识，如27/28星宿、黄道12宫、日月五星等。后来传到日本成为宿曜道/密教星占术，前些年又反传到中国台湾，然后流行回大陆地区。很多人以为来自日本，其实本来就是我们的东西（或者说是印度的）。

《宿曜经》等含有印度天文学/星占学的经典译出后，中国本土对其加以改造而成《张果星宗》，在后来的典籍中多称为“五星术”。再到宋代以后，才有了我们中国自己的算命术（禄命术），即八字与紫微斗数，流传盛行至今。这个脉络学界早就梳理清楚，已成定论。感兴趣的可以自己去找相关书籍和文献。参考书的问题，以前我是给的挺多的，但后来发现抄袭严重，所以就不给了。如今网络这么发达，但凡读过本科、脑子不傻，都能查出来。

以前读《星学大成》序言，并不觉得怎样。那天一读，发现正好就是如今学界梳理的这条脉络。大学以前，老师都说书会越读越薄，因为你懂得越来越多，直到全懂了，就不读了。后来走上研究道路，才发现书是越读越厚呀，简单一句话，能看出很多其他书的影子，从而发散出好多知识。这里就不一字一句解释了，不然要写好多字。接下来带着大家过一遍，一方面了解中国星占术的发展简史，一方面熟悉下古代术数的语言。这种东西其实就是多读多琢磨，精读下来几本原著，了解和熟悉了基本术语和思想特点，自己再看其他相关著作就没什么大问题了。万事开头难，只要能真正行动起来，也就走下去了。

接下来逐句讲解《星学大成》序。

昔者圣人明于天之道，而察于民之故，爰命司天首创玑衡，以齐七政，而历法始具，其大要不外钦若昊天，敬授人时而已。

远古时期的圣人发现日月群星之运行与人间民生息息相关，就让掌管星象事宜的官员（司天）创造“玑衡”的概念，来与“七政”相对应，从此便开始有了历法。历法的内容，不外乎就是观察日月星曜的运行规律，来划分年、月、日以及四季节气和侯，来给大家一个时间标准，并用来指导农耕。

当中“玑衡”指的是北斗七星，依次为天枢、天璇、天玑、天权、玉衡、开阳、摇光。很多人知道“七政”是由《张果星宗》的七政四余，但那里的七政指代日月五星，这里的七政其实是北斗七星。我们读古籍的时候看到“七政”，有时候是北斗七星，有时候是日月五星，具体为何，要根据上下文判断。另外，北斗七星也有其他叫法，如后期会对应我们紫微斗数中的贪狼、巨门、禄存等，又有一套完整的道教斋醮仪式如《北斗经》所述，非常有意思。

“历法始具”这句非常重要。这就是我不断强调的，我们中国古代天文学与星占术数的源头是北极和北斗，而不是域外传来的黄道十二宫系统。对于北斗的崇拜，为我们华夏所独有。掌管它的神为远古一至高女神，道教称斗姆元君，佛教亦有一女神摩利支天与其极为相似，有学者考可能是同一神。

> 其流为推步占候，至裨灶、甘、唐、臬、石辈相接踵，候星气、察禨祥，以修人事，而禄命之说，未之闻也。惟唐初吕博士一叙，言始及之，则又深疑而不敢信。五季宋元，其说浸盛，缙绅学士往往信以为然。故苏子瞻有“退之命在尾箕，余命亦在磨蝎之语”。

接着说。这个历法又慢慢发展到“推步占候”，这也是以后钦天监要考的内容之一。所谓推步，就是根据星曜运行总结出数学公式，然后用这个公式推测过几天、几个月、几年的星象如何，类似于制定未来的日历吧。占候类似于如今的天气预报，但掺杂些神秘色彩，如汉代焦延寿、京房那一系的象数易即有很多占候的内容，以后慢慢讲。说起我们的古代数学，其实是很发达的，不光有圆周率，还有幻方（河图）、纵横图、开方等，只不过与西方偏重几何与演绎的数学思维不一样，我们是偏重计算和实际应用。中国术数之所以难，是因为你深入进去，会发现对于古代天文学和数学的要求非常高，也因此我们这个专业的大神几乎全部是理科出身。很多人以为术数就是会算个八字、起个卦，其实只能算冰山浮出水面的一个小角。以前读古希腊哲学读到世界本源，毕达哥拉斯派认为世界的本源是“数”，我无比认同。的确越往深处走，越怀疑世界是一套程序和算法。

“至裨灶、甘、唐、臯、石辈相接踵，候星气、察禨祥，以修人事，而禄命之说未之闻也。惟唐初吕博士一叙，言始及之，则又深疑而不敢信”，这句里面有一个非常重要的学术议题。“裨灶、甘、唐、臯、石”这些都是人名，是当时掌管星象事务的官员，他们的工作内容就是前面讲的“军国占星术”，即望一望星气（星是有气的，这个又比较复杂，以后详说），看有没有异常天象（客星、行星逆行之类），来判断人间是不是哪里要有战争呀、干旱呀、篡权呀，等等。“而禄命之说，未之闻也”，所谓的禄命之说，就是我们现在指的算命，即根据个人出生的年月日时来推算个体一生的吉凶祸福。这里，万民英说得清清楚楚，中国古代是没有这种算命术的，他没有听过。直到唐代初年有一吕博士才提到这种方法，但又对其深感疑惑，不太敢信。

到了五代宋元时期，这种禄命术开始大为流行，贵族、读书人茶余饭后都谈论这些（就像是如今我们聊星座、星盘），所以苏轼才有“退之命在尾箕，余命亦在磨蝎之语”。[①] 这里用到的算法就是张果星宗，或者说五星术、七政四余的算法。这种算法也就是上面说到的随佛教传入的域外星占术与本土文化结合的产物。这里应该有图来做一下西方星占术与七政四余的对比，但文字比较难说清，以后我会做视频来讲解下。（注：在之后开的古代天文学课上讲过啦！）

其实还有个人，又是我的偶像，星占水平比苏轼高得多，但知道的人不多，就是文天祥。不但会算本命，还会熟练推大小限。很多人知道他会打仗，有气节，往往忽略

① 这里的引用有误，正确引文和解释见本书第 80 页。

了他状元出身，且书法水平极高。以后细说吧。

> 夫以天象之高，天道之幽远，一星辰变异，皆足以兆妖祥而基理乱，近则岁月，远至数十年外，无有不验。况人禀天地五行之气以生，其初诞之时，群曜变于上而会逢其适，人事协于下而感与天通，亦理数自然之符也。且如宋德隆盛，五星聚奎，诸贤辈出，而文章世道遂为丕变，星家之说不亦有明征哉？

接下来又到了说理部分，可以接着抄好句子了。说，天象如此之高，天道如此之幽远，一颗星曜的变异（即反常）就可以预兆出人间的祸福，近则几年几个月，远则几十年之后，无不应验。而人出生时是禀那一刻的天地五行之气的，所以那时的天象与人的气质、命运相互交感，这就是个人命运能够推算的原理所在，也符合自然中理与数的道理。比如说，宋代朝廷清明之时，五星同时现在奎宿，所以一时间群贤辈出，掀起了整个时代文章艺术的新高潮，这不就证明星家说得很有道理嘛？

> 盖尝论之，天之化也，运诸气而贞夫理，气有纯

驳，而理则无二。命也者，合理与气言之也。孔子作春秋，纪灾异而事应不书，天道命不言，虽言不著。盖皆欲人以理御气，居易以俟命而已。

这些星曜为天道所化现，随着它们的运动来运行诸气。气虽然有纯粹，有驳杂，但当中的理是一样的。这个“理”和“气”的关系，又涉及到我们中国哲学中的一个重要议题，即理在气中，还是气在理中，又或者理气不二等。细说起来很复杂，我就不展开了，在此推荐冯友兰先生的《中国哲学史》。如今大家对儒释道存在大量的曲解，对中国文化也没有一个完整的纵向认识，这本书依然是了解中国哲学史、思想史最好最易懂的读物，多年来屹立首位不倒自然有其道理。朴槿惠说人生观深受其影响——连韩国人都奉为至宝，你一个中国人还对自身文化稀里糊涂，不觉得羞愧吗？

接着说。“命也者，合理与气言之也”，即是说，我们个人的命运，就是理与气相互混合作用的产物。孔子作《春秋》记录了灾异的征象，之后事情的吉凶果然如征象那样发生了，他却不写出来，又或者写出来却隐在字间而不明显，这都是天道不让他说。因为上天是想让人弄明白天道运行的道理，从而“御气”（掌握规则、运用规则而不是受其束缚），在世间的吉凶变动中坦然面对命运。

> 余非知天者，然星命之说，亦留心考究，颇得要领旨趣，病世之专门者，不达天人之故，妄言祸福以惑世人，乃取《三辰通载》《五星总龟》《望斗》《殿驾》《耶律》《乔拗》《虚实》等书及家所藏不传之秘，删其繁复，订其讹缪，或己有所见而古人未发，或旧有所解而今则非是，分别次第，考究注释，纂为全书，共若干卷，名曰星学大成，以广厥传，以助我圣天子钦天授时之政，是则余之志也。

这段是编纂《星学大成》的初衷。说，我（万民英）并非能窥见天道运行之至理者，然而对于星命术（即禄命术）一直比较留心考究，颇得各家的要领。当今那些以此为业的人，既不通达当中学问，又不懂得天人合一之大道，就胡乱算命论断人家的祸福，让人家心神不安、对于人生更加迷惑，所以搜集到如上这些命书，删其繁复，订其讹缪。有些是我看出当中道理而古人没写出来的，又或者是古代的解释已经不适合今天的环境（同志们！连明朝的人都知道与时俱进，不能过分拘古，你们某些人学命理都快重返封建时代了，反省下自己是不是傻缺），所以分别考据、注释，编纂成这部《星学大成》，填补和丰富之前缺失的部分，来更好地辅助皇上了解星象、制定历法来指导民生，这也是我的志向所在。

> 或者谓是书之行，将使君子恃命而怠于为善，小人恃命而敢于肆恶，毋乃不可欤？呜呼，易以道阴阳，是卜筮之书也，圣人作之，以教人趋吉避凶。而一言以蔽之，曰天下之动，贞夫一者也。若曰吉者吾趋之，非趋夫吉，趋夫所以获吉之理，视履考祥之类是也。凶者吾避之，非避夫凶，避夫所以致凶之故，复即命渝安贞之类是也。由是则吉而非求也，由是则凶而有所不避也，六十四卦三百八十四爻无非此理。

这段是关于命理的思考，大概能够解决一些人的疑惑。问，此书若流行开来，可能会使君子仗着自己命格高而懒得再去为善，小人则破罐破摔、干脆行恶到底，是否不该流传呢？答，《易经》也是谈论阴阳消长、占卜吉凶的，圣人之所以作此书，是教人趋吉避凶的道理。概要来说，天下万事之吉凶变化，都是大道（此处“一”指“道”）的体现。所谓趋向“吉”，并非说趋向“吉”的征象，而是趋向能够获得“吉”的方法和经验；同样，所谓避开“凶”，也不是躲避“凶”的征象，而是要避开造成“凶”的原因和根源。由此，获得吉祥并非靠强求，遭遇凶险也是因为没有掌握躲避的方法。易经 64 卦 384 爻，讲的无非就是这些趋吉避凶的道理。

盖圣人幽赞神明，开物成务之精意，余之心亦若是也，而胡不可哉！是书之行，使知命之士观之，遇富贵则曰命也，吾不可以幸致，遇贫贱则曰命也，吾不可以苟免。行法以俟，夭寿不贰，将齐得丧、一死生，其为教不既多乎！若恃命之将通而冥行径趋，见命之将否而侥幸苟免，是则桎梏而死。立乎岩墙之下者，虽圣贤亦未如之何矣，岂予之所知哉！岂予之所知哉！是为序。

嘉靖肆拾贰年岁次癸亥，十月朔日，易水万民英谨序

可见，《易经》蕴含圣人深叹神明开辟天地、化世间

万物并赋予内在规则之精意，我内心同样是这样想的，所以为何不能让此书流行呢？这本书流行开来，会让知命之人遇到富贵时便感恩是命运馈赠，而不可心存侥幸骄傲；遇到贫贱时则也道是命运使然，不能苟免。如此每日都要端正行为，懂得吉凶互变、福祸相依之理，从而将长寿抑或短寿、得到抑或失去，甚至生与死都等而视之（取消二元论），不就是借着命理来使人通达大道吗？如果有人仗着运势马上要变好就盲目行事，见到衰运要来则成天想着躲避（而不去从根本去解决它），那无异于用命理给自己套上枷锁，受缚而死。如果有人懂得命运之道理，却还偏偏要立于危墙之下（狂妄地反天理、逆势而为），连圣贤都不知道该怎么办，何况我呢？是为序。

嘉靖四十二年岁次癸亥（1563 年），十月初一，

易水万民英谨序